21世纪普通高校计算机公共课程规划教材

程序设计基础
（C语言版）（第2版）
实验指导与习题

杨盛泉　丁琦　乔奎贤　主编

刘白林　主审

清华大学出版社

北京

内 容 简 介

本书是按照教育部新世纪人才创新项目教材编写要求编写的,是与《程序设计基础(C语言版)第2版》配套的实验指导与习题。

本书内容共分4部分:第1部分详细介绍 C 语言程序设计上机实验的步骤以及 Visual C++运行环境,并就编程中常见的问题进行解析;第2部分为课程配套实验,按照教材要求,安排10个实验,每个实验都给出了实验目的以及重点、难点,循序渐进地安排实验题目,从示例到习题,便于学生掌握每个章节的理论及编程技巧;第3部分为课程配套习题,针对教材的每个章节,安排了多种形式的习题,便于学生巩固知识点;第4部分为综合模拟试题,既可让学生检验自己的水平、训练学生的综合应用能力,又有利于学生适应 C 程序设计的考试(比如等级考试等)。

本书侧重实践能力的培养,叙述通俗易懂,可作为本科生的参考书和编程教材,也适合作为计算机软件编程人员和研究生学习 C 程序设计的入门教材。

图书在版编目(CIP)数据

程序设计基础(C语言版)第2版实验指导与习题/杨盛泉,丁琦,乔奎贤主编.—北京:清华大学出版社,2010.3

(21世纪普通高校计算机公共课程规划教材)

ISBN 978-7-302-22054-1

Ⅰ. ①程…　Ⅱ. ①杨… ②丁… ③乔…　Ⅲ. ①C 语言－程序设计－高等学校－教学参考资料　Ⅳ. ①TP312

中国版本图书馆 CIP 数据核字(2010)第 026048 号

责任编辑:梁　颖　赵晓宁
责任校对:白　蕾
责任印制:王秀菊
出版发行:清华大学出版社　　　　　　　　　　地　　址:北京清华大学学研大厦 A 座
　　　　　http://www.tup.com.cn　　　　　　邮　　编:100084
　　　　　社　总　机:010-62770175　　　　　邮　　购:010-62786544
　　　　　投稿与读者服务:010-62776969,c-service@tup.tsinghua.edu.cn
　　　　　质　量　反　馈:010-62772015,zhiliang@tup.tsinghua.edu.cn
印 装 者:北京市清华园胶印厂
经　　销:全国新华书店
开　　本:185×260　印　张:6.75　字　数:156 千字
版　　次:2010 年 3 月第 1 版　　印　　次:2010 年 3 月第1次印刷
印　　数:1~4000
定　　价:13.00 元

出 版 说 明

随着我国改革开放的进一步深化,高等教育也得到了快速发展,各地高校紧密结合地方经济建设发展需要,科学运用市场调节机制,加大了使用信息科学等现代科学技术提升、改造传统学科专业的投入力度,通过教育改革合理调整和配置了教育资源,优化了传统学科专业,积极为地方经济建设输送人才,为我国经济社会的快速、健康和可持续发展以及高等教育自身的改革发展做出了巨大贡献。但是,高等教育质量还需要进一步提高以适应经济社会发展的需要,不少高校的专业设置和结构不尽合理,教师队伍整体素质亟待提高,人才培养模式、教学内容和方法需要进一步转变,学生的实践能力和创新精神亟待加强。

教育部一直十分重视高等教育质量工作。2007 年 1 月,教育部下发了《关于实施高等学校本科教学质量与教学改革工程的意见》,计划实施"高等学校本科教学质量与教学改革工程(简称'质量工程')",通过专业结构调整、课程教材建设、实践教学改革、教学团队建设等多项内容,进一步深化高等学校教学改革,提高人才培养的能力和水平,更好地满足经济社会发展对高素质人才的需要。在贯彻和落实教育部"质量工程"的过程中,各地高校发挥师资力量强、办学经验丰富、教学资源充裕等优势,对其特色专业及特色课程(群)加以规划、整理和总结,更新教学内容、改革课程体系,建设了一大批内容新、体系新、方法新、手段新的特色课程。在此基础上,经教育部相关教学指导委员会专家的指导和建议,清华大学出版社在多个领域精选各高校的特色课程,分别规划出版系列教材,以配合"质量工程"的实施,以满足各高校教学质量和教学改革的需要。

本系列教材立足于计算机公共课程领域,以公共基础课为主、专业基础课为辅,横向满足高校多层次教学的需要。在规划过程中体现了以下一些基本原则和特点。

(1) 面向多层次、多学科专业,强调计算机在各专业中的应用。教材内容坚持基本理论适度,反映各层次对基本理论和原理的需求,同时加强实践和应用环节。

(2) 反映教学需要,促进教学发展。教材要适应多样化的教学需要,正确把握教学内容和课程体系的改革方向,在选择教材内容和编写体系时注意体现素质教育、创新能力与实践能力的培养,为学生的知识、能力、素质协调发展创造条件。

(3) 实施精品战略,突出重点,保证质量。规划教材把重点放在公共基础课和专业基础课的教材建设上;特别注意选择并安排一部分原来基础比较好的优秀教材或讲义修订再版,逐步形成精品教材;提倡并鼓励编写体现教学质量和教学改革成果的教材。

(4) 主张一纲多本,合理配套。基础课和专业基础课教材配套,同一门课程可以针对不同层次、面向不同专业的多本具有各自内容特点的教材。处理好教材统一性与多样化,基本教材与辅助教材、教学参考书,文字教材与软件教材的关系,实现教材系列资源配套。

（5）依靠专家，择优选用。在制定教材规划时要依靠各课程专家在调查研究本课程教材建设现状的基础上提出规划选题。在落实主编人选时，要引入竞争机制，通过申报、评审确定主题。书稿完成后要认真实行审稿程序，以确保出书质量。

繁荣教材出版事业，提高教材质量的关键是教师。建立一支高水平教材编写队伍才能保证教材的编写质量和建设力度，希望有志于教材建设的教师能够加入到我们的编写队伍中来。

21世纪普通高校计算机公共课程规划教材编委会

联系人：梁颖 liangying@tup. tsinghua. edu. cn

前　言

C 语言程序设计是实践性很强的过程，任何程序最终都必须在计算机上运行，以检验程序的正确与否。因此，在学习程序设计中，上机实践环节是至关重要的。

本书是按照教育部新世纪人才创新项目教材编写要求编写的，是与《程序设计基础（C 语言版）第 2 版》配套的实验指导与习题。在参照有关纲要的同时，结合 C 程序设计的特点，将实践能力培养放在首位。

本书在内容组织上，力求做到先进、简单、实用。

本书配合主教材，包含 4 部分内容：第 1 部分详细介绍 C 语言程序设计上机实验的步骤以及 Visual C++运行环境，并就编程中常见的问题进行解析；第 2 部分为课程配套实验，按照教材要求，安排 10 个实验，每个实验都给出了实验目的以及重点、难点，循序渐进地安排实验题目，从示例到习题，便于学生掌握每个章节的理论及编程技巧；第 3 部分为课程配套习题，针对教材的每个章节，安排了多种形式的习题，便于学生巩固知识点；第 4 部分为综合模拟试题，既可让学生检验自己的水平、训练学生的综合应用能力，又有利于学生适应 C 程序设计的考试（比如等级考试等）。

在编写本书的过程中，参考了大量的相关资料，从中汲取了许多宝贵经验，在此谨表谢意。由于编者水平有限，书中的不妥和错误在所难免，恳请各位专家、读者不吝指正。

本书习题答案暂不附上。如有需要，可联系编者。

编者

2010 年 2 月

目 录

第 1 部分　C 语言上机步骤以及运行环境

程序设计是实践性很强的过程,任何程序最终都必须在计算机上运行,以检验程序的正确与否。通过上机练习可以加深理解 C 语言的有关概念,巩固理论知识;另一方面也可以培养程序调试的能力与技巧。因此,在学习程序设计中,一定要重视上机实践环节。

1.1　C 语言程序的上机步骤

编写一个 C 程序直到完成运行,一般要经过以下几个步骤:开机进入 C 语言编辑环境→输入与编辑源程序→对源程序进行编译→产生目标代码→链接各个目标代码、库函数→产生可执行程序→运行程序。

这里 C 程序经过 4 个重要的阶段,即编辑(Edit)、编译(Compile)、链接(Link)和装入执行(Load & Excute)。

1. 编辑阶段

第一个阶段是编辑文件,是用编辑程序(editor program)完成的。按照 C 语言语法规则而编写的 C 程序称为源程序。源程序由字母、数字及其他符号等构成,在计算机内部用相应的 ASCII 码表示,并保存在扩展名为 C 的文件中。

程序员用编辑器输入 C 程序,进行必要的修改,然后将程序存放在磁盘之类的辅助存储设备中。个人计算机上的 TC、Borland C 和 Microsoft Visual C++等 C 程序开发软件包都有自己的编辑器,它们与编程环境紧密集成。这里,假设读者已经知道如何编辑程序。

2. 编译阶段

源程序是无法直接被计算机运行的,因为计算机的 CPU 只能执行二进制的机器指令。这就需要把 ASCII 码的源程序先翻译成机器指令,然后计算机的 CPU 才能运行翻译好的程序。

在 C 语言系统中,预处理程序在编译器翻译开始之前自动执行。C 预处理器采用预处理指令(Preprocess Directive)表示程序编译之前要进行某些操作。这些操作通常包括在要编译的文件中包含其他文本文件和进行各种文本替换。编辑器在将程序翻译为机器语言代码之前调用预处理器。

程序员发出编译(Compile)程序的命令后,编译器将 C 程序预处理并翻译为机器语言代码(也称为目标程序)。

3. 链接阶段

目标程序并不能交计算机直接运行,因为在源程序中,输入、输出以及常用函数运算并不是用户自己编写的,而是直接调用系统函数库中的库函数。因此,必须把"库函数"的处理过程链接到经编译生成的目标程序中,从而生成可执行程序。

链接器(Linker)将目标码与这些默认功能的代码链接起来,建立执行程序映像(不再缺少任何代码)。

4. 装入执行阶段

下一个阶段是装入与执行。在执行之前,要先把 exe 程序放入内存中,这是由装入器(Loader)完成的,装入器读取磁盘中执行程序的映像文件,并将其放入内存中。最后,计算机在 CPU 控制下逐条指令地执行程序,最终得到结果。

C 语言程序经过编辑、编译、链接到运行的全过程如图 1.1 所示。

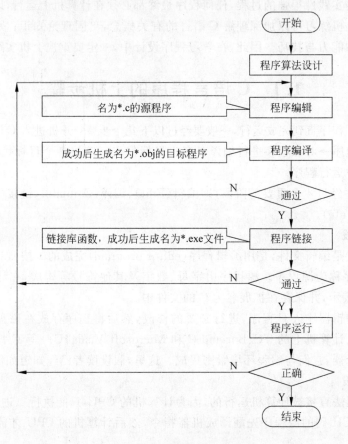

图 1.1　C 语言编辑运行步骤

程序不是一次就能够顺利运行的。上述每个阶段都可能因为各种错误而失败。例如,除数可能为 0(计算机上的非法操作与算术运算中一样),这样就会使计算机程序结果出错。然后,程序员需返回到编辑阶段,进行必要的修改并继续操作其余阶段,确定修改之后能否顺利工作。

除了较简单的情况,一般程序很难一次就能做到完全正确。在上机过程中,根据出错现象找出错误并改正称为程序调试。要在学习程序设计过程中,逐步培养调试程序的能力。这不可能靠几句话就能讲清楚,要靠自己在上机中不断摸索总结,也可以说是一种经验积累。

程序中的错误大致可分为 3 类：

（1）程序编译时检查出来的语法错误。

（2）链接时出现的错误。

（3）程序执行过程中的错误。

编译错误通常是编程者违反了 C 语言的语法规则，如保留字输入错误、括号不匹配、语句缺少分号等。链接错误一般由未定义或未指明要链接的函数，或者函数调用不匹配等因素引起。

对于编译连接错误，C 语言系统会提供出错信息，包括出错位置（行号）、出错提示信息。编程者可以根据这些信息找出错误所在。有时系统提示的一大串错误信息并不表示真的有这么多错误，往往是因为前面的一两个错误引起的连锁反应。所以当你纠正了几个错误后，不妨再编译连接一次，然后根据最新的出错信息继续纠正。

有些程序通过了编译连接并能够在计算机上运行，但得到的结果不正确，这类在程序执行过程中的错误往往最难改正。错误的原因一部分是程序书写错误带来的，例如应该使用变量 x 的地方写成了变量 y，虽然没有语法错误，但意思完全错了；另一部分可能是程序的算法不正确，解题思路不对。还有一些程序有时计算结果正确，有时不正确，这往往是编程时，对各种情况考虑不周所致。解决运行错误的首要步骤就是错误定位，即找到出错的位置，才能予以纠正。通常我们先设法确定错误的大致位置，然后通过 C 语言提供的调试工具找出真正的错误。

为了确定错误的大致位置，可以先把程序分成几大块，并在每一块的结束位置手工计算一个或几个阶段性结果，然后用调试方式运行程序，在每一块结束时，检查程序运行的实际结果与手工计算是否一致，通过这些阶段性结果来确定各块是否正确。对于出错的程序块，可逐条仔细检查各语句，找出错误所在。如果出错块程序较长，难以快速找出错误，可以进一步把该块细分成更小的块，按照上述步骤进一步检查。在确定大致出错位置后，如果无法直接看出错误，可以通过单步运行相关位置的几条语句，逐条检查，这样一定能找出错误的语句。

当程序出现计算结果有时正确有时不正确的情况时，其原因一般是算法对各种数据处理情况考虑不全面。解决办法最好多选几组典型的输入数据进行测试，除了普通的数据外，还应包含一些边界数据和不正确的数据。例如，确定正常的输入数据范围后，分别以最小值、最大值、比最小值小的值和比最大值大的值，多方面运行检查自己的程序。

下面以 VC++ 6.0 为上机平台，对 C 程序编译、链接和调试作简单介绍。建议一开始学习上机时，把注意力放在程序的编译、链接和运行上，以能运行为目标。

1.2　Visual C++编程工具

C++语言是在 C 语言的基础上发展而来的，它增加了面向对象的编程，成为当今最流行的一种程序设计语言。Visual C++是微软公司开发的，面向 Windows 编程的 C++语言工具。它不仅支持 C++语言的编程，也兼容 C 语言的编程。由于 VC++被广泛地用于各种编程，因此使用面很广。

1.2.1 Visual C++语言集成环境简介

现在 C++语言有两大非常有名且应用非常广泛的开发工具,一种就是 Microsoft 的 Visual C++,另一种是 Broland 的 C++ Builder (BCB),它们的功能都非常强大,而且各有各的优缺点。Visual C++ 6.0 是微软公司的重要产品——Visual Studio 工具集的组成部分。它用来在 Windows(包括 Windows 95、Windows 98、Windows NT、Windows 2000、Windows XP 等)环境下开发应用程序,是一种功能强大、行之有效的可视化编程工具,成为广大软件开发人员的首选。

Visual C++是美国 Microsoft 公司推出的功能强大的应用程序开发工具,是一款功能超群、使用方便、易于开发复杂应用系统的 C++或者传统 C 程序开发工具,它不仅可以用来编写系统程序,也可以用来编写应用程序。利用 Visual C++所提供的丰富而完善的开发工具,可以轻松地开发大型 C++或者 C 应用系统。Visual C++采用的图形界面使得程序员能够迅速方便地开发出相互独立的对象,而这些对象可供程序员共享或重复使用。Visual C++自问世以来受到了应用软件开发人员的重视,其主要的原因在于其具有以下特点:

(1) 开发效率高,成本低。

(2) 面向对象的开发工具,代码的可重复性好,开发的软件易于维护。

(3) 客户机/服务器计算模式的前端工具,对数据库的应用开发有着特殊的支持,特别适合做信息系统的开发。

(4) 提供了丰富的对象、控件和函数,为开发人员提供了良好的用户界面,并为编制功能强大的应用软件创造了便利条件。

1.2.2 Visual C++语言编程过程

下面简要介绍在 Windows 环境下使用 Visual C++ 6.0 编辑与运行 C++程序的步骤:

(1) 启动 Visual C++。

(2) 创建一个新的 C 程序文件。

(3) 编辑 C 程序代码。

(4) 保存 C 程序文件。

(5) 源程序文件的编译、连接。

(6) 如果程序有语法错误,可参照"输出"窗口中给出的提示进行修改,然后重复前面的步骤,直至出错提示全部消除。

(7) 运行可执行程序,如果发现运行错误,重复前面的步骤,直至结果正确为止。

1. Visual C++ 6.0 安装与启动

现在常用的版本是 Visual C++ 6.0,虽然有些公司推出汉化版,但只是把菜单汉化了,并不是真正的中文版 Visual C++ 6.0,而且汉化的用词不准确,因此许多人还是使用英文版。如果计算机中未安装 Visual C++ 6.0,则应先安装 Visual C++ 6.0。Visual C++是 Microsoft Visual Studio 的一部分,因此需要找到 Visual Studio 的光盘,执行其中的 setup. exe,并按照屏幕上的提示进行安装即可。

安装 Visual C++后,在开始菜单中找到 Microsoft Visual Studio 6.0 中的程序组,可以看到 Visual C++ 6.0 的菜单项,如图 1.2 所示。

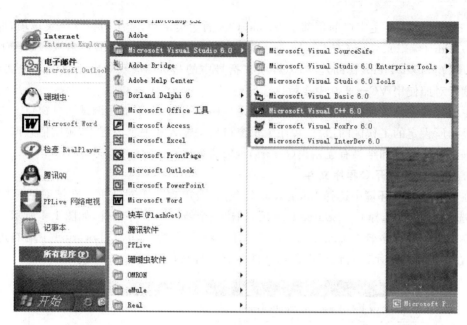

图 1.2　Visual C++ 6.0 启动

　　单击 Visual C++ 6.0 的图标,即可启动运行 Visual C++ 6.0 软件。此时屏幕上短暂显示 Visual C++ 6.0 的版权页后,出现 Visual C++ 6.0 主窗口,如图 1.3 所示,窗口中间出现"每日一帖"提示信息窗口。

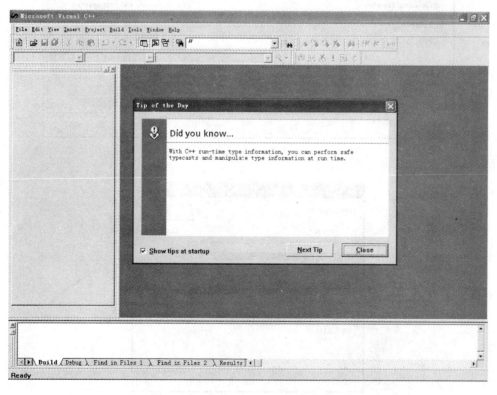

图 1.3　Visual C++ 6.0 开发集成环境

C 语言上机步骤以及运行环境

Visual C++ 6.0 主窗口的顶部是 Visual C++ 的主菜单栏,其中包括 9 个菜单项,即 File (文件)、Edit(编辑)、View(查看)、Insert(插入)、Project(项目)、Build(构建)、Tools(工具)、Window(窗口)和 Help(帮助)。以上各项在括号中的是 VC++ 6.0 中文版中的中文显示,便于读者对照使用 VC++ 6.0 中文版。

主窗口的左侧是项目工作区窗口,右侧是程序编辑窗口,下面是调试信息窗口。工作区窗口显示所设定的工作区的信息,程序编辑窗口用来输入和编辑源程序,调试信息窗口用来显示程序出错信息和结果有无错误(errors)或警告(warinings)。

2. 创建或者打开 C 程序文件

在 Visual C++ 环境中选择 File|New 命令,将会出现一个对话框。在该对话框中选择 Files 选项卡,然后选择 C++ Source File 项,创建一个新的 C 程序文件,如图 1.4 所示。输入本次要编辑的源程序名为 Exam01.c,并且文件的扩展名为 C,单击 Location 下端右边的... 按钮,在如图 1.5 所示的对话框中选择文件存放的目录,然后单击 OK 按钮。

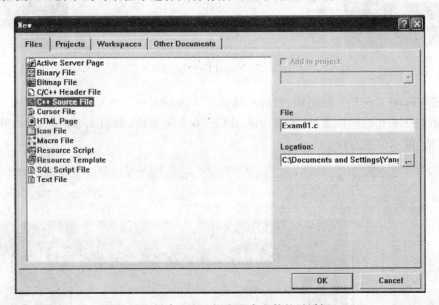

图 1.4　创建一个 C 语言程序文件的对话框

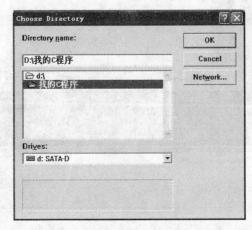

图 1.5　选择 C 语言程序文件存放目录的对话框

这里读者要注意的是,选择文件名时,应该指定扩展名为 C,否则系统将按 C++扩展名
CPP 进行保存。

如果程序已经输入过,可选择 File|Open 命令,并在查找范围中找到正确的文件夹,调
入指定的程序文件。

3. 在编辑窗口中编写 C 程序

在程序编辑窗口中输入,一个字符大小写的程序,如图 1.6 所示。

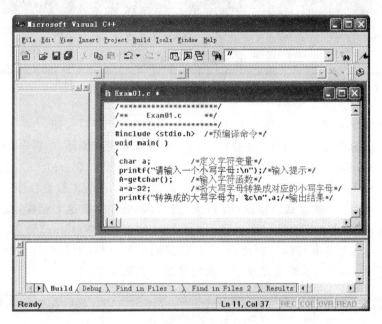

图 1.6　输入程序代码

为了看到更全面的调试程序过程,在输入本程序代码的过程中设置两个错误:一个是
将变量 a 故意写成大写的字母 A;另一个错误是将 printf 函数的右括号故意漏掉。输入完
毕后,选择 File|Save 命令,保存程序。

4. 编译链接程序

将程序保存后,就可以编译、链接 C 语言程序了。只有通过编译、连接,代码才能变成
机器能够执行的同名.exe 文件。

在系统的 Build 菜单项中,如图 1.7 所示,有 Build 选项,选择该选项。系统将执行对源
程序编译、链接的任务,如果期间有错误,系统会停下来,提示用户出错。Build 将编译、链接
合成到了一起自动依次执行。用户也可以单独先执行编译命令 Compile。

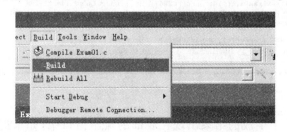

图 1.7　Build 菜单项

C 语言上机步骤以及运行环境

选择 Compile Exam01. c(编译 Exam01. c)命令后,屏幕上出现一个提示对话框,内容是:"This build command requires an active project workspace. Would you like to create a default project workspace?"(此编译命令要求一个有效的项目工作区,你是否同意建立一个默认的项目工作区? 注:如果事先已经建立了工作区,则不会出现这个提示对话框)单击"是(Y)"按钮,表示同意由系统建立默认的项目工作区,如图 1.8 所示。

图 1.8 要求建立默认的项目工作区提示对话框

屏幕如果继续出现"将改动保存到 Exam01. c",单击"是(Y)"按钮。

也可以不用选择菜单的方法,而用 Ctrl+F7 快捷键来完成编译。

屏幕下面的调试信息窗口指出源程序有无错误,本例显示 2 error(s),0 warning(s)。我们现在开始程序的调试,发现和改正程序中的错误。编译系统能检查程序中的语法错误。语法错误分为两类:一类是致命错误,以 error 表示,如果程序有这类错误,就通不过编译,无法形成目标程序,更谈不上运行了;另一类是轻微错误,以 Warning(警告)表示,这类错误不影响生成目标程序和可执行程序,但有可能影响运行结果,因此也应当改正,使程序既无 error,又无 warning。本例编译显示的窗口如图 1.9 所示。

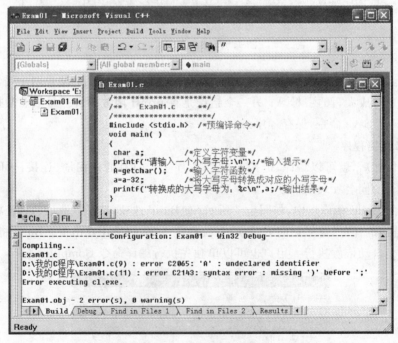

图 1.9 编译显示的窗口

在编译、链接过程中生成的结果出现在底部的输出窗口中,如果提示生成成功,则可执行下一个动作,否则,单击调试信息窗口中右侧的向上箭头,可以看到出错的位置和性质。

可以参照出错提示进行修改。

在本例中,根据出错提示信息将 A＝getchar();修改成 a＝getchar();,然后将最后一个语句最右边的括号加上。再仔细阅读该程序,应该没有问题了。

在选择 Compile Exam01.c 项重新编译时,此时编译信息告诉我们:0 error(s),0 warning(s),既没有致命错误(error),也没有警告错误(warning),编译成功,如图 1.10 所示。

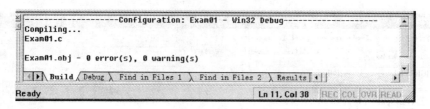

图 1.10　编译成功后显示的信息

源程序经过正确编译后,产生一个 Exam01.obj 文件,如图 1.11 所示。

图 1.11　编译成功后产生的目标程序

在得到了目标程序后,就可以对程序进行链接了,选择菜单"Build(构建)"|"Build Exam01.exe(构建 Exam01.exe)"命令,成功完成链接后,提示没有任何错误,如图 1.12 所示。生成一个可执行文件 Exam01.exe,如图 1.13 所示。

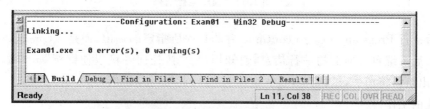

图 1.12　链接成功后提示信息

图 1.13　链接成功后产生的可执行程序

C 语言上机步骤以及运行环境

以上是我们分别进行程序的编译和链接,其实可以选择菜单 Build|Build 命令(或按 F7键)一次完成编译和链接。但对于初学者,还是提倡分步进行编译和链接。

5. 运行程序

得到了可执行文件 Exam01. exe 后,就可以直接执行 Exam01. exe 了。选择 Build|"!Execute Exam01. exe(执行 Exam01. exe)"命令(或按 Ctrl+F5 键运行即可),如图 1. 14所示。

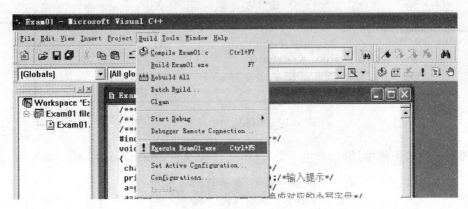

图 1.14　程序运行命令

程序执行后,屏幕切换到输出结果的窗口,显示出运行结果,如图 1. 15 所示。我们输入小写字母 m,可以看到转换的大写字母为 M。

图 1.15　程序运行结果

最后一行 Press any key to continue 并非程序所指定的输出,而是 VC++ 6.0 在输出完运行结果后系统自动加上的一行信息,通知用户:"按任何一键以便继续"。当你按下任何键后,输出窗口将消失,返回到 VC++ 6.0 主窗口,此时可以继续对源程序进行修改、补充或进行其他的工作。

如果运行结果有错误,还要返回到前面去检查并且修改,直到最终运行正确为止。

另外,VC++ 6.0 系统工具栏,如图 1. 16 所示,几个图标分别对应 Compile(编译)、Build(构建)、Execute(执行)。当进行 Compile(编译)后,!Execute(执行)也变成可用。有时可以不使用菜单中的相应选项,而单击这些工具栏图标进行操作。事实上,还有相应的快捷键Compile(Ctrl+F7)、Build(F7)和!Execute(Ctrl+F5),使用更加方便快捷。

图 1.16　工具栏编译、构建、运行按钮

6. 关闭程序工作区

当一个程序编译连接后，VC++系统自动产生相应的工作区，以完成程序的运行和调试。若想执行第二个程序，必须关闭前一个程序的工作区，然后通过新的编译连接，产生第二个程序的工作区，否则运行的将一直是前一个程序。

选择"File(文件)"|"Close Workspace（关闭工作区）"命令，屏幕提示如图1.17所示。

图1.17　确认是否关闭所有工作区

单击"是"按钮关闭工作区以结束对该程序的操作，然后又可以编写新程序了。

提醒：如果不关闭工作区就编写新程序，可能原来的程序还在工作区内，从而会给初学者运行程序带来麻烦。

7. 打开已存在的程序方法

如果需要打开已经保存的文件，操作方法如下。

(1) 在VC++ 6.0中选择File|Open命令或按Ctrl＋O快捷键，或单击工具栏上的Open图标，打开Open对话框，从中选择所需的文件，打开该文件，程序显示在编辑窗口。如果修改后仍保存在原来的文件中，可以选择"File(文件)"|"Save(保存)"命令，或按Ctrl＋S快捷键或单击工具栏上的图标来保存文件。如果不想将源程序存放到原先指定的文件中，可以不选择Save项，而选择Save As(另存为)项，并在弹出的Save As对话框中指定新的文件路径和文件名。

(2) 如果后缀为C的文件与VC++ 6.0建立关联，在Windows的"资源管理器"或"我的电脑"中按路径找到已有的C程序名（如在E:\WORLD文件夹下面找到World.c）。双击此文件名，则自动进入了VC++ 6.0集成环境，并打开了该文件，程序显示在编辑窗口。保存方法同上，不再赘述。

C语言上机步骤以及运行环境

第2部分　C 语言实验

在学习 C 语言程序设计的过程中,上机实验是十分重要的环节,通过实验,可以加深对 C 语言功能特征、语法规则、程序编译与运行等基本概念和基本方法的理解和运用。通过上机调试程序,使学生能及时发现程序编制中出现的错误并找到修改方法,提高学生的独立编程能力和编程技巧,为 C 语言在后续课程中的应用打下坚实的基础。

2.1　实验报告要求

(1) 每次实验前,认真预习本次实验的内容,按照实验指导书的要求,需编写的程序应书写整齐,经检查无误后方能上机运行。

(2) 上机输入和调试程序,调试通过后,打印出程序清单并把运行结果记录下来(条件允许时)。

(3) 上机结束后,按照实验指导书的具体要求,整理出实验报告(字迹工整),下次上机时交给指导教师。

(4) 实验报告应包括以下内容:

① 实验题目。

② 算法说明(复杂的可用流程图表示)。

③ 程序清单(有条件用打印机打印出来)。

④ 运行结果。

⑤ 对运行情况作分析,以及本次实验所取得的经验。如程序未能通过,应分析错误原因。

在实验内容里有 * 的部分为选做题,有时间或有能力的学生可做这部分。

2.2　实验 1　熟悉 VC++语言运行环境

1. 实验目的

(1) 了解 VC++ 6.0 系统安装要求以及安装过程。

(2) 了解 VC++ 6.0 系统的运行菜单结构。

(3) 了解 C 源程序的书写格式。

(4) 通过运行简单的 C 源程序,掌握 C 语言上机步骤,了解 C 程序的运行步骤。

(5) 掌握在 VC++ 6.0 环境下检查错误的方法。

2. 实验重点

熟悉 VC++ 6.0 语言的编译环境,了解在该系统上如何编辑、编译、链接和运行一个 C 程序。

3. 实验难点

在 VC++ 6.0 语言的编译环境下根据错误提示修改程序,将程序调试正确。

4. 实验内容

(1) 在计算机系统中安装 VC++ 6.0,并了解其安装过程,熟悉 VC 软件编程环境,了解各个菜单以及工具栏按钮的作用。

(2) 在 VC++ 6.0 环境下,输入以下求矩形面积的程序(有错误的程序),并进行编辑,仔细分析编译信息窗口,可能显示有多个错误,逐个修改,直到不出现错误并运行。

```
# include  "stdio.h"
void main()
{
    float   a,b,area;                    //变量定义
    a = 1.9                              //故意犯一个错误,少掉分号
    b = 3.6;
    area = abb;                          //故意犯一个错误,少掉运算符
    printf(" a = % f,b = % f,其面积 = % f\n" ,a,b,area);  //输出
}
```

新建并调试运行步骤如下:

① 在 Visual C++ 6.0 主窗口的菜单中选择"File(文件)"|"New(新建)"命令,弹出一个对话框,单击此对话框的左上角的 File(文件)选项卡,选择 C++ Source File 选项。使用默认的文件存储路径则可以不必更改 Location(目录)文本框,在右上方的 File(文件)文本框输入准备编辑的源程序文件的名字(现输入 Test01.c),当然,读者完全可以指定其他路径和文件名。单击 OK 按钮后,就可以输入如上程序代码了。

② 代码输入完成后,选择菜单"Build(构建)"|"Compile Test01.c(编译 Test01.c)"命令。

③ 屏幕上出现一个对话框,内容是"This build command requires an active project workspace. Would you like to create a default project workspace?(此编译命令要求一个有效的项目工作区,你是否同意建立一个默认的项目工作区?)"(注:如果事先已经建立了工作区,则不会出现这个对话框),单击"是(Y)"按钮,表示同意由系统建立默认的项目工作区,屏幕如果继续出现"将改动保存到…",单击"是(Y)"按钮即可。

④ 屏幕下面的调试信息窗口指出源程序有 2 error(s),2 warning(s)(发现 a=1.9 这一行掉了分号";")。

⑤ 改正后选择菜单 Build|Compile Test01.c 命令(发现仍有错误:area=a*b 写成了 area=abb)。

⑥ 再改正后选择菜单 Build│Compile Test01. c 命令,下面的调试信息窗口显示 0 error(s),0 warning(s)证明计算机已经检查不出语法错误了。

⑦ 运行程序(选择菜单 Build│! Execute mycl. exe 命令)。

⑧ 查看结果后,按 Esc 键返回;

⑨ 选择菜单 File│Close Workspace 命令,在弹出的对话框中选择"是(Y)"按钮。

⑩ 编写新的程序。

注意:

① 在 C 程序中,有时可以省略＃include"stdio. h"命令行,在 TC 2.0 中运行时不会报错,但在 VC++ 6.0 中运行时,系统会报告警告(warning),如果不影响程序正常执行,可以放过这样的警告。

② 有时写成＃include＜stdio. h＞也可以,至于尖括号和双引号有什么不同,初学者现在不必理会,后面自然会学到的。

(3) 在 VC 中编写 C 语言程序,运行后输出以下信息。

```
****************************
    欢迎学习 C 语言!
****************************
```

5. 讨论与总结

(1) 总结 VC++ 6.0 环境下运行调试程序的一般步骤。

(2) 记下在调试过程中所发现的错误、系统给出的出错信息和对策。分析讨论成功或失败的原因。

(3) 总结 C 程序的结构和书写规则。

2.3　实验 2　数据类型、运算符和表达式

1. 实验目的

(1) 掌握不同类型数据之间赋值的规律与方法。

(2) 掌握(＋＋)和(－－)的使用。

(3) 掌握基本数据输入、输出方法。

(4) 掌握并熟练使用各种输入输出格式。

(5) 掌握 C 语言的数据类型,熟悉如何定义一个整型、字符型和实型变量,以及对它们赋值的方法。

(6) 学会使用 C 语言的有关算术运算符,以及包含这些运算符的表达式。

2. 实验重点

(1) 输入有代表性的程序,比较整型数据、字符型数据以及字符串数据的区别与联系。

(2) 通过程序理解 C 语言编译系统自动的数据类型转换。

3. 实验难点

(1) 各种输入输出格式。

(2) 各种运算符的优先级和结合性及自加(＋＋)和自减(－－)运算符的使用。

(3) 逗号表达式。

4. 实验内容

(1) 字符类型的特点以及与整型转换示例。本例体现出 C 语言的一种特性(灵活),整型变量与字符型变量可以相互转换。

```
# include < stdio. h >
void main()
{      char   ch1,ch2;
       ch1 = 'A';
       ch2 = 'B';
       printf("% c   % d\n",ch1 ,ch2);
}
```

① 运行此程序,并写出结果。

② 在此基础上增加一个语句,再运行,分析结果。

```
printf("% d   % c\n",ch1,ch2);
```

③ 再将第 4 行和第 5 行改为:

```
ch1 = 366;                          /＊用大于 255(ASCII 最大到 255)的整数＊/
ch2 = 298;
```

再运行,分析结果。

④ 将第 3 行改为:

```
int ch1,ch2;
```

再运行,分析结果。

⑤ 再将第4行和第5行改为:

```
ch1 = A;                                    / * 不用单引号 * /
ch2 = B;
```

再运行,分析结果。

⑥ 再将第4行和第5行改为:

```
ch1 = "A";                                  / * 用双引号 * /
ch2 = "B";
```

再运行,分析结果。

(2) 自增与自减运算符的特点示例。

```
# include < stdio. h >
void main()
{int  i,j,m = 1,n = 2;
 i = 15; j = 20;
 m = + + i; n = j - - ;
 printf("i = % d,j = % d,m = % d,n = % d",i,j,m,n);
}
```

① 运行此程序,并写出结果。

② 将第5行改为:

```
m =  i + + ; n = - - j;
```

运行输出结果是什么,并分析原因。

③ 将第 5 行改为：

m = (i++) + (i++) + (i++); n = (--j) + (--j) + (--j);

运行输出结果是什么，并分析原因。

④ 将第 5 行改为：

m += ++i; n -= --j;

运行输出结果是什么，并分析原因。

⑤ 将程序改为：

```c
# include < stdio.h >
void main()
{   int   i,j;
    i = 78; j = 95;
    printf("i = %d,j = %d ,  i++ = %d,j++ = %d", i, j, i++ ,j++ );
}
```

运行输出结果是什么，并分析原因。

(3) 转义字符实验程序：分析并写出程序输出结果，然后实验验证。

```c
# include < stdio.h >
void main()
{   char ch1 = 'm',ch2 = 'n',ch3 = 'k',ch4 = '\101',ch5 = '\116';
    printf("\x4F\x4B\x21\n");                /* 等价于 printf("OK!\n"); */
    printf("\x15  \xAB\n");
    printf("ch1 = %c ch2 = %c\t ch3 = %c\tabc\n",ch1,ch2,ch3);
    printf("\t\bch4 = %c ch5 = %c",ch4,ch5);
}
```

（4）类型转换程序：分析并写出输出结果，然后实验验证。

```
# include < stdio.h >
void main()
{
 float b , c ;
 int m ,n , x ,y ;
 b = 38.955 ; c = 62.138 ;
 y = (x = 32767, b + 1) ;                /* 右边逗号表达式 */
 m = (int)(b + c) + 108 % y ;
 n = (int)b + (int)c - 55 /6;
 printf("x = %d, y = %d, m = %d, n = %d, b = %f, c = %6.1f \n" , x , y, m, n, b , c) ;
}
```

（5）表达式计算：分析并写出输出结果，然后实验验证。

```
# include < stdio.h >
void main()
    {
    int a = 2,b = 1;
    a + = - 3 * 4 % ( - 6)/3;
    printf("a = %d\n" , a) ;
    a % = 4 - 1;
    printf("a = %d\n", a);
    a + = a * = a - = a * = 3;
    printf("a = %d\n", a);
    a + = b + 1 ;
    printf("a = %d\n" ,a);
    a/ = b + 1 ;
    printf("a = %d\n" ,a);
    }
```

（6）关系运算符运算示例：分析并写出输出结果，然后实验验证。

```
# include < stdio.h >
void main(   )
    {
    int a = 3,b = 2,c = 1,d,f;
    printf("[a > b] = %d\n", a > b);
    printf("[(a > b) == c] = %d\n", (a > b) == c);
```

```
    printf("[b+c < a] = % d\n", b + c < a);
    printf("[d = a > b] = % d\n", d = a > b);
    printf("[f = a > b > c] = % d\n", f = a > b > c);
    }
```

(7) 逻辑运算符运算示例: 分析并写出输出结果,然后实验验证。

```
# include < stdio. h >
void main()
    {
    int a,b,c1,c2,c3,c4,c5,c6,c7;
    a = 4;b = 5;
    c1 = !a;
    c2 = a&&b;
    c3 = a||b;
    c4 = !a||b;
    c5 = 4&&0||2;
    c6 = 5 > 3&&2||8 < 4 - !0;
    c7 = 'c'&&'d';
    printf("c1 = % d,c2 = % d,c3 = % d,c4 = % d\n", c1,c2,c3,c4);
    printf("c5 = % d,c6 = % d,c7 = % d\n", c5,c6,c7);
    }
```

(8) 编写一个程序,求表达式 $x-z\%2*(x+y)\%2/2$ 的值。

(9) 编写程序,将整数 368 分别按照十进制、八进制和十六进制输出。

(10) *(选做)编写程序,利用 sizeof() 函数输出在 VC++ 6.0 语言环境下各种数据类型所占的存储空间大小。

(11) *(选做)编写程序,当输入一个数的原码后,输出该数的补码。

(12) *(选做)编写程序,实现左、右移位。

5. 讨论与总结

(1) 如何正确地选用数据类型? (提示: 结合前面做过的实验及书本进行讨论总结)

(2) 通过实验,比较 ++i 和 i++ 有什么区别?

(3) 通过实验,比较 --i 和 i-- 有什么区别?

(4) 逗号表达式有什么特点?如何计算其值?

(5) 总结并牢记 C 语言各种运算符的运算规则以及混合运算优先级、结合性等相关内容。

2.4　实验 3　顺序结构程序设计

1. 实验目的

(1) 了解顺序结构程序的执行过程。

(2) 掌握赋值表达式和赋值语句、复合语句的使用。

(3) 掌握各种类型数据的输入输出的方法,能正确使用各种格式转换符。

(4) 掌握简单程序的编程方法和技巧。

2. 实验重点

(1) 常规输入输出函数 scanf()、printf()格式和应用。

(2) 字符输入输出函数 getchar()、putchar()的格式和应用。

3. 实验难点

(1) scanf()函数中的转换符的使用方法。

(2) printf()函数中的转换符的使用方法。

4. 实验内容

(1) 理解赋值语句、复合语句的使用:读懂程序,并写出输出结果,然后实验验证。

```c
#include <stdio.h>
void main()
{
    int x = 1, y = 2;
    {
        int x = 2;
        {   int x = 3;
            printf("x = %d, y = %d\n", x, y); /* x = 3 */
        }
        printf("x = %d, y = %d\n", x, y); /* x = 2 */
    }
    printf("x = %d, y = %d\n", x, y); /* x = 1 */
}
```

（2）基本输入输出函数程序：假定输入一组数据并写出输出结果，然后实验验证。特别注意输出 c1、c2 的值是什么？ 什么原因？

```c
# include < stdio. h >
void main()
{   int a,b;
    float c,d;
    long e,f;
    unsigned int u,v;
    char c1,c2;
    printf("请输入数据：\n");
    scanf("%d, %d",&a,&b);
    scanf("%f, %f", &c,&d);
    scanf("%ld, %ld",&e,&f);
    scanf("%o, %o",&u,&v);
    scanf("%c, %c", &c1,&c2);
    printf("\n");
    printf("a = %4d,b = %4d\n",a,b);
    printf("c = %8.2f,d = %8.2f\n",c,d);
    printf("e = %16ld,f = %16ld\n",e,f);
    printf("u = %o,v = %o\n",u,v);
    printf("c1 = %c,c2 = %c\n",c1,c2);
}
```

（3）输出宽度及控制：读懂程序，并写出输出结果，然后实验验证。

```c
# include < stdio. h >
void main()
{
    int i,j;float x,y; long int m;
    char c[] = "Hello,world!";
    i = 688;j = - 32765;x = 12345.678;y = - 48765.432;
    m = 1234567890;
    printf("%s", "CHINA");
    printf("%10.5s, % - 10.3s\n",c,c);
    printf("%d, %8d, %08d, % - 8d\n",i,i,j,j);
    printf("%f, %12.2f, %12.2f, % - 12.2f\n",x,x,y,y);
    printf("%ld, %lu, %12ld, % - 12d\n",m,m,m,m);
}
```

（4）字符输入输出函数：读懂程序，根据假定的输入并写出输出结果，然后实验验证。

```c
# include < stdio. h >
void main()
```

```
{
    int ch;
    int c;
    char a;
    c = 65;   a = 'B';
    ch = getchar() + 1;                    /* 从键盘输入字符,该字符的 ASCII 编码值赋给 ch */
    putchar(ch);                           /* 输出 ch 对应的字符 */
    putchar(c); putchar('\n'); putchar(a);
}
```

(5) 编写程序：要求从键盘按规定的格式输入时间(时：分：秒)，并将输入的时间在屏幕上显示出来。

(6) 编写程序：分别用 getchar()与 scanf()函数输入两个字符给 ch1,ch2,然后分别用 putchar()函数和 printf()函数输出这两个字符,分别用整型和字符型定义 ch1,ch2,并分析比较结果。

(7) 编写程序：初始化 a1=83,x1=31.2026 , u1=869 , ch1= 'a',控制输出格式如下：

a1 = 83_ _ , x1 = 31.20_ _ , u1 = _ _ _869
ch1 = 'a'_or_97

这里的_表示空格,请写出完整的程序并验证。

(8) 顺序程序编程：输入三角形三边长,求三角形的面积。

(9) 输入两个浮点数到 a,b 中,交换这两个变量,并输出它们保留两位小数。

(10) *(选做)已知圆半径、圆柱高,求圆周长、圆柱的体积。

(11) *(选做)输入一个摄氏温度,要求输出华氏温度,表达式为 f=5/9 * c+32。

5. 讨论与总结

(1) 复合语句的特点是什么？

（2）总结 printf()、scanf()、putchar()、getchar()等输入输出函数的格式和应用。

（3）交换两个变量的基本方法是什么？

（4）顺序结构程序的特点是什么？

2.5　实验4　选择结构程序设计

1. 实验目的

（1）掌握用 if 语句编写选择结构程序的方法。

（2）学会正确使用逻辑运算符和逻辑表达式。

（3）熟练掌握各种选择结构包括 if-else 及其嵌套、if-else 形式的多重选择的使用。

（4）熟练掌握 switch 形式的多重选择结构的使用。

（5）了解条件表达式的使用方法。

2. 实验重点

（1）学会正确使用逻辑运算符和逻辑表达式。

（2）熟练掌握 if 语句和 switch 语句。

3. 实验难点

（1）逻辑运算表达式的计算。

（2）选择结构的流程控制以及 if 与 else 的配对原则。

（3）break 的作用原理。

4. 实验内容

（1）简单选择结构程序：读懂程序，并写出输出结果，然后实验验证。

```c
# include < stdio. h >
void main()
{int x = 2,y = - 1,z = 2;
  if(x < y)
    if(y < 0) z = 0;
    else    z += 1;
  printf(" % d\n",z);
}
```

（2）选择结构与自增运算的配合使用：读懂程序，并写出输出结果，然后实验验证。

```c
# include < stdio. h >
void main()
{
```

```
    int m = 5
    if (m ++ > 5) printf(" % d\n",m);
    else    printf(" % d\n",m-- );
}
```

(3) switch 选择结构程序：读懂程序，并写出输出结果，然后实验验证。

```
# include < stdio. h >
void main()
{ int x = 1, y = 0;
  switch(x)
    {
        case 1:
                switch (y)
                {
                    case 0:printf("first\n");break;
                    case 1:printf("second\n");break;
                }
        case 2:
                printf("third\n");
    }
}
```

(4) if 和 else 配对：运行下面程序，分析 if 和 else 是哪两个相互"配对"。该程序的功能是什么？假设一开始输入 56 89 38，那么输出结果是什么？

```
# include < stdio. h >
void main()
{ int a,b,c;
  printf("请输入 a,b,c:");
  scanf(" % d % d % d",&a,&b,&c);
  if(a < b)
  if(b < c)
  printf("max = % d\n",c);
  else
  printf("max = % d\n",b);
  else if(a < c)
  printf("max = % d\n",c);
  else
  printf("max = % d\n",a);
}
```

在书写程序时,应该分出层次,这样可提高程序的可读性,容易查找出错误。

(5) 上面的程序还有更加简明的方法实现,就是利用条件表达式。输入下面的参考程序验证,并说明如何将条件表达式转换成 if …else…的结构形式。

```
# include < stdio. h >
void main( )
 { int a,b,c,max,t;
   printf("input a,b,c:");
   scanf(" % d, % d, % d",&a,&b,&c);
   t = (a > b)? a : b;
   max = (t > c)?t : c;
   printf("max = % d",max);
 }
```

(6) 复杂的选择结构:读懂程序,并写出输出结果,然后实验验证。switch 语句的关键是看 case 语句后有没有 break 语句,有则执行完某个 case 语句就立即退出包含它的 switch;没有则执行后续的 case 语句。

```
# include < stdio. h >
void main( )
{   int a = 3 , b = 9 , c = 5 ;
    switch(a > 0)
    { case 1:   switch(b < 10)
            { case 1:printf("@") ;
              case 0: printf("!") ; break ;
            }
     case 0:switch(c! = 5)
            { case 1:printf("#") ;
              case 0: printf(" * ") ; break ;
              default: printf(" % %") ; break ;
            }
     default: printf("&") ;
    }
    printf("\n") ;
}
```

(7) 编写程序:输入一个整数,判断该数的奇偶性(输出相应的标志 even—偶数 odd—奇数,请记住这两个单词)。

(8) 试判断从键盘输入的正整数是否能被 5 和 7 同时整除。能则输出 yes,否则输出 no。

(9) 编一程序,对于给定的一个百分比制成绩,输出相应的五分制成绩。设:90 分以上为'A',80～89 分为'B',70～79 分为'C',60～69 分为'D',60 分以下为'E'(用 if…else…与switch 语句实现)。

(10) ∗(选做)有一分段函数:

$$y=\begin{cases} t^3-1 & 0\leqslant t<1.5 \\ 2t^2-t+1 & 1.5\leqslant t<2.5 \\ -t^3+2t^2+5 & 2.5\leqslant t<3.5 \\ 5t^3+2t & 3.5\leqslant t\leqslant 10 \end{cases}$$

编写程序输出 y 的值。说明:t 的取值范围为[0,10],其他值输入无效。

(11) ∗(选做)输入一个字符,如果是大写字母改变为小写字母;如果是小写字母,则把它变为大写字母;若是其他字符则不变。

5. 讨论与总结

(1) 选择结构程序有什么特点? C 语言实现选择结构有哪几种方式?

(2) 选择结构中 if 与 else 的配对原则是什么?

(3) switch-case 语句的特点是什么? 为什么要使用 break 语句?

(4) 选择结构的条件必须是关系与逻辑表达式吗? 为什么?

2.6　实验 5　循环结构程序设计

1. 实验目的

(1) 熟悉掌握用 while 语句、do-while 语句实现循环的方法。

(2) 熟悉并掌握 for 语句构成的循环结构。

(3) 了解并读懂用 goto 语句和 if 语句的组合构成循环。

(4) 熟悉掌握循环结构中 break 语句与 continue 语句的作用原理以及使用方法。

(5) 掌握在程序设计中用循环的方法实现一些常用算法。

2. 实验重点

(1) while 语句、do-while 语句和 for 语句实现循环的方法。

(2) break 语句与 continue 语句的作用原理以及使用方法。

3. 实验难点

(1) 如何正确地设定循环条件，以及如何控制循环的次数。

(2) break 语句与 continue 语句的作用原理以及使用方法。

(3) 理解循环嵌套的执行过程。

4. 实验内容

(1) while 循环结构：读懂程序，并写出输出结果，然后实验验证。并将该程序改写成 do-while 循环结构与 for 循环结构。

```c
# include < stdio.h >
void main()
{
    int num = 0;
    while(num < = 2)
    {
        num ++ ;
        printf(" % d\n",num);
    }
}
```

(2) do-while 循环结构：读懂程序，并写出输出结果，然后实验验证。

```c
# include < stdio.h >
void main()
{ int a = 1,b = 10;
 do
   {b -= a ; a ++ ; } while ( b -- < 0) ;
 printf (" a = % d , b = % d\n",a,b);
}
```

(3) for 循环结构：读懂程序，说明本程序的功能是什么？写出其数学表达式，然后实验输出其结果来验证。

```c
# include < stdio.h >
void main()
  {
    int  n;
    float sum = 1;
    for(n = 1;n < = 50;n ++ )
```

```
                sum = sum * n;
            printf("sum = % e\n",sum);
    }
```

(4) for 循环结构与 switch 选择结构：读懂程序,并写出输出结果,然后实验验证。

```
# include < stdio. h >
void main()
{   int i;
    for(i = 1;i < = 5;i ++ )
        switch(i % 5)
          {
                case 0:  printf(" * ");break;
                case 1:  printf(" # ");break;
                default: printf("\n");
                case 2:  printf("&");
          }
}
```

(5) 循环结构嵌套与 continue 语句：读懂程序,并写出输出结果,然后实验验证。

```
# include < stdio. h >
void main()
{   int i, j; x = 0;
    for (i = 0;i < 2;i ++ )
    {   x ++ ;
        for(j = 0;j < = 3;j ++ )
        {
            if  (j % 2)  continue;
                x ++ ;
        }
        x ++ ;
    }
    printf("x =  % d \n",x);
}
```

(6) break 语句应用示例：编写程序输出半径为 1 到 15 的圆的面积,若面积在 30～100 之间则予以输出,否则,不予输出。

(7) 循环嵌套：打印出所有"水仙花数"。所谓"水仙花数"是指一个三位数，其各位数字的立方之和正好等于该数本身。例如，153 是一个"水仙花数"，因为 $153 = 1^3 + 5^3 + 3^3$。

(8) *（选做）分别用 goto 语句、if 语句、while 语句、do-while 语句及 for 语句求 $\sum_{n=1}^{100} n$，编写程序并上机调试运行。

(9) *（选做）编写程序打印输出以下图案。

```
①   *              ②           *          ③                    1
    * *                    * * *                            1  2  3
    * * *              * * * * *                        1  2  3  4  5
    * * * *                * * *                    1  2  3  4  5  6  7
    * * * * *                  *                1  2  3  4  5  6  7  8  9
```

(10) *（选做）有两个红球、三个黄球、四个白球，任意取五个球，其中必须有一个黄球，编写程序输出所有可能的方案。

(11) *（选做）编写程序求解 sn＝a＋aa＋…＋a…a，其中 a 是 1～9 中的一个数字。n 为一正整数，a 和 n 均从键盘输入（例如输入 n，a 为 4，sn＝8＋88＋888＋8888）。

5. 讨论与总结

(1) goto 语句、if 语句、while 语句、do-while 语句及 for 语句各有什么特点，它们能相互转换吗？ 如果能，怎么转换？

(2) 讨论如何检查循环结构的控制表达式中的错误？

(3) 从实验中你得到了哪些提高嵌套循环程序效率的启示？

(4) 总结 break 语句与 continue 语句的作用与应用范围。

2.7 实验 6 数组

1. 实验目的

(1) 理解数组的概念和存储特点。

(2) 掌握一维数组定义、初始化、赋值和输入输出的方法。

(3) 了解二维数组的定义、初始化、赋值和输入输出的方法。

(4) 掌握字符数组与字符串的关系及其应用。

(5) 了解常见的字符串函数功能及其使用方法。

2. 实验重点

(1) 掌握一维数组定义、初始化、赋值和输入输出的方法。

（2）字符数组和字符串函数的使用。

3. 实验难点

（1）通过循环结构对数组的操作方法以及数组元素排序。

（2）字符串的存储特点以及字符串处理函数。

4. 实验内容

（1）一维数组应用示例：阅读程序，确定本程序有几个错误？修改本程序的错误，假定输入 51 61 78，写出输出结果，然后实验验证。

```c
# include < stdio. h >
void main()
{
    int a[3] = {3 * 0};
    int i;
    for (i = 0;i < 3;i ++ )
        scanf(" % d",a[i]);
    for(i = 1;i < 5;i ++ )
            a[0] = a[0] + a[i];
    printf("a[0] = % d\n",a[0]);
}
```

（2）一维数组应用示例：阅读程序，写出输出结果，然后实验验证。

```c
# include < stdio. h >
void main()
{   int a[6],   i;
    for(i = 1;i < 6;i ++ )
    {
        a[i] = 9 * (i - 2 + 4 * (i > 3)) % 5;
        printf(" % 2d",a[i]);
    }
}
```

（3）一维数组应用示例：阅读程序，说明本程序的功能是什么？写出输出结果，然后实验验证。

```c
# include < stdio. h >
void main()
{    int num[10] = {10,1, - 20, - 203, - 21,2, - 2, - 2,11, - 21};
```

```
    int sum = 0,i;
    for (i = 0; i < 10; i ++ )
    {   if   (num[i] > 0)
            sum = num[i] + sum;
    }
    printf("sum = % 6d",sum);
}
```

(4) 二维数组定义、赋值、应用示例：阅读程序，写出输出结果，然后实验验证。

```
# include < stdio. h >
void main()
{   int a[5][5],   i,   j,   n = 1;
    for   (i = 0;   i < 5;   i ++ )
      for   (j = 0; j < 5;   j ++ )
              a[i][j] = n ++ ;
    printf("The result is:\n");
    for   (i = 0;   i < 5;   i ++ )
     {
        for  (j = 0;   j < = i;   j ++ )
              printf(" % 4d", a[i][j]);
        printf("\n");
     }
}
```

(5) 二维数组应用示例：读懂程序，说明本程序的 sum1 与 sum2 功能是什么？写出其运行结果，然后实验验证。

```
# include < stdio. h >
void main()
{ int a[3][3] = {1,3,6,7,9,11,14,15,17}, sum1 = 0, sum2 = 0, i, j;
 for (i = 0;i < 3;i ++ )
        for(j = 0;j < 3;j ++ )
              if(i == j) sum1 = sum1 + a[i][j];
 for(i = 0;i < 3;i ++ )
        for(j = 2; j > = 0;j -- )
              if((i + j) == 2) sum2 = sum2 + a[i][j];
 printf("sum1 = % d,sum2 = % d\n",sum1,sum2);
}
```

(6) 字符数组定义、初始化、应用示例：阅读程序，写出输出结果，然后实验验证。

```
# include < stdio. h >
void main()
{
    char c1[25] = {'a','b','\0','c','\0'};
    char c2[25] = "I Love China!";
    printf("c1 = % s",c1);
    printf("c2 = % s",c2);
    c2[6] = '\0';
    printf("c2 = % s",c2);
}
```

(7) 字符串应用示例：当运行以下程序时，从键盘输入 Aha_MA<CR>（_表示空格，<CR>表示回车），写出输出结果，然后实验验证。

```
# include < stdio. h >
# define  N  80
void main()
{char s[N],  c = 'a';
 int i = 0;
 scanf(" % s",s);
 while  (s[i]! = '\0')
  {  if (s[i] == c)
            s[i] = s[i] - 32;
      else  if (s[i] == c - 32)
          s[i] = s[i] + 32;
      i ++ ;
  }
  put(s);
}
```

(8) 字符串标准库函数应用示例：阅读程序，写出输出结果，然后实验验证。

```
# include < string. h >
# include < stdio. h >
void main()
{  char str1[] = "Hello!",str2[] = "How are you?",str[20];
    int len1,len2,len3;
    len1 = strlen(str1);    len2 = strlen(str2);
    if(strcmp(str1, str2) > 0)
    { strcpy(str,str1);    strcat(str,str2);}
    else  if (strcmp(str1,str2) < 0)
    { strcpy(str,str2);    strcat(str,str1);}
```

```
    else   strcpy(str,str1);
    len3 = strlen(str);
    puts(str);
  printf("Len1 = % d,Len2 = % d,Len3 = % d\n",len1,len2,len3);
}
```

（9）编写程序：从键盘上输入 10 个学生的某门课程的成绩，计算出平均成绩，并输出不及格的成绩和人数。

（10）编写程序：用冒泡排序法对 15 个浮点数进行排序。这 15 个浮点数用数组存放。

（11）编写程序：从键盘上输入一字符串，输出该字符串的长度（不使用 strlen）。

（12）＊（选做）编写程序：从键盘输入 m＊n 行列式，并输出此行列式；然后求所有的鞍点（某元素若是本行元素中的最大者，同时又是本列元素中最小者，则此元素称为鞍点）。最后输出这些鞍点及其对应的坐标值（若无鞍点，则显示无鞍点信息）。

（13）＊（选做）编写程序：输入一行字符，统计其中有多少个单词（单词之间用空格分隔开）。

（14）＊（选做）编写程序：从键盘上输入一字符串，并判断是否形成回文（即正序和逆序一样，如"abcd dcba"）。

（15）＊（选做）约瑟夫环问题：编号为 1,2,3……n 的 n 个人按顺时针方向围坐一圈，每人持有一个正整数密码。一开始任选一个正整数 m 作为报数上限值，从第一个人开始按顺时针报数,报到 m 时停止,报 m 的人出列,将他的密码作为新的 m 值,从他在顺时针方向的下一个人开始重新从 1 报数,如此下去,直到所有人全部出列为止。设计程序求出出列顺序。

5. 讨论与总结

(1) 总结一维数组、二维数组初始化方法有哪几种。

(2) 在程序中引用数组时,下标越界编译能通过吗?可能会有什么后果?

(3) 讨论字符数组与字符串的联系与区别。

2.8 实验7 函数

1. 实验目的

(1) 掌握定义函数的方法。

(2) 掌握函数实参与形参的对应关系以及"值传递"和"地址传递"的方式。

(3) 掌握函数的嵌套调用和递归调用的方法。

(4) 掌握全局变量、局部变量、动态变量和静态变量的概念及使用方法。

(5) 了解宏定义的方法和"文件包含"处理。

2. 实验重点

(1) 掌握定义函数的方法。

(2) 函数实参与形参的对应关系以及"值传递"和"地址传递"的方式。

(3) 全局变量和局部变量的作用域。

3. 实验难点

(1) 函数实参与形参的对应关系以及"值传递"和"地址传递"的方式。

(2) 函数递归调用的方法的理解。

(3) 变量的作用域。

4. 实验内容

(1) 函数初步,注意变量的输出数据:阅读程序,写出输出结果,然后实验验证。

```c
# include < stdio.h >
try(int x, int y, int z)
{   printf(" (2)x= %d  y= %d  z= %d\n",x,y,z);
        z = x + y;
        x = x * x;
        y = y * y;
        printf(" (3)x= %d  y= %d  z= %d\n",x,y,z);
}
void main()
{   int x = 2, y = 3, z = 0;
```

```
    printf(" (1)x = % d   y = % d   z = % d\n",x,y,z);
    try(x,y,z);
    printf(" (4)x = % d   y = % d   z = % d\n",x,y,z);
}
```

（2）函数参数值传递示例：阅读程序，写出输出结果，然后实验验证。

```
# include < stdio. h >
void swap( int a, int b)
{ int t;
      printf(" (2)a = % d b = % d\n",a,b);
      t = a; a = b; b = t;
      printf(" (3)a = % d b = % d\n",a,b);
}
void main( )
{ int x = 10, y = 20;
      printf(" (1)x = % d   y = % d\n",x,y);
      swap(x,y);
      printf("(4)x = % d   y = % d\n",x,y);
}
```

（3）全局变量传值示例：阅读程序，写出输出结果，然后实验验证。体会一下本例与上面的程序有什么区别。

```
# include < stdio. h >
int a, b;
void main( )
{ void swap(void);
   scanf(" % d, % d",&a,&b);
   printf("a = % d,b = % d\n",a,b);
   swap( );
   printf("a = % d,b = % d\n",a,b);
}
void swap(void)
{ int c;
   c = a; a = b; b = c;
}
```

（4）函数调用示例：阅读程序，说明本程序中的函数功能是什么？假设输入 58，写出输出结果；输入 7 后的结果又是多少？然后实验验证。

```
# include < stdio. h >
int  isprime(int);
void main()
{      int   m;
       printf("请输入一个整数:\n");
       scanf(" % d",&m);
       if(isprime(m))
         printf(" % d   is prime!\n",m);
       else
         printf(" % d   is   not prime!\n",m);
}
int isprime (int   n )
{ int   i;
       for(i = 2;i < = n - 1;i ++ )
       {
         if(a % i == 0)   return 0;
       }
       return 1;
}
```

（5）数组名作为函数参数（地址传递）示例：阅读程序，说明本程序中的 priout 函数与 invert 函数功能分别是什么？写出输出结果，然后实验验证。

```
# include < stdio. h >
#define N   8
void   priout(int s[ ], int n)
{ int i;
       for(i = 0;i < n; i ++ )   printf(" % 4d",s[i]);
       printf("\n");
}
void   invert(int a[ ], int n)
{ int i, j, t;
       i = 0; j = n - 1;
       while(i < j)
       { t = a[i]; a[i] = a[j]; a[j] = t;
           i ++ ;j -- ;
       }
}
void main()
{ int   k[N] = {10,20,30,40,50,60,70,80};
```

```
        printf("数组开始元素值为：  \n ");
        priout(k,N);
        invert(k,N);
        printf("操作完后所有元素值为：  \n ");
        priout(k, N);
}
```

（6）静态变量示例：阅读程序，写出输出结果，然后实验验证。分析该程序的运行结果并给出简单解释。

```
# include < stdio. h >
void func()
{ static int x = 4; int y = 10;
        x = x + 2;
        y = y + x;
        printf("func x = % 5d   y = % 5d   \n",x,y);
}
void main()
{ int x = 5, y = 0;
        printf("main x = % 5d   y = % 5d   \n",x,y);
        func();
        printf("main x = % 5d   y = % 5d   \n",x,y);
        func();
}
```

（7）宏定义示例：阅读程序，写出输出结果，然后实验验证。

```
# include < stdio. h >
# define MAX(a,b)   (a > b)?a:b
void main()
{
  int i = 15, j = 20;
  printf("MAX = % d\n",MAX(i,j));
  /* 宏展开后 a,b 用 i,j 替换,相当于: printf("MAX = % d\n",(i > j)?i:j); */
}
```

(8) 函数递归示例：阅读程序，说明本程序中的函数功能是什么？假设输入 5　3,写出输出结果,然后实验验证。

```
#include <stdio.h>
float mull(float x, int n);
void main()
{
    float x, z; int n;
    scanf("%f%d", &x, &n);
    z = mull(x, n);
    printf("%f", z);
}
float mull(float x, int n)
{   if(n == 0)
        return 1;
    else
        return x * mull(x, n - 1);
}
```

(9) 编写程序：分别用传统的循环结构与递归法计算 n!。

(10) 编写程序：假设数组 a 中存放了 10 个学生的成绩,求平均成绩。

(11) ＊(选做) 编写程序：输入两个正整数 m,n(m>n),计算从 m 个元素中任取 n 个元素的组合数。计算公式为：

$$C_m^n = \frac{m!}{n!(m-n)!}$$

(12) ＊(选做)编写两个函数,分别求两个正数的最大公约数和最小公倍数,用主函数调用这两个函数并输出结果。两个正数由键盘输入。

(13) ＊(选做)编写一函数,由实参传来一个字符串,统计此字符串中字母、数字、空格和其他字符的个数,在主函数中输入字符串,输出上述结果。

(14) ＊(选做)编写函数：1−1/2+1/3−1/4+1/5−1/6+1/7−…在主函数中输入 n,输出计算结果。

(15) *（选做）定义一个宏 max(x,y,z) 从 3 个数 x,y,z 中找出最大数。在主函数测试该宏。

5. 讨论与总结

(1) 总结 C 语言函数的定义方法、函数的声明及函数的调用方法。
(2) 讨论并总结局部变量与全局变量的作用域、特点以及用法。
(3) 讨论函数两种参数传递的方式与特点。
(4) 讨论静态变量有什么特点？
(5) 总结递归函数的特点与执行原理及其优缺点。

2.9 实验 8 指针

1. 实验目的

(1) 理解指针的概念,掌握定义和使用指针变量的方法。
(2) 能正确使用数组的指针和指向数组的指针变量。
(3) 能正确使用字符串的指针和指向字符串的指针变量。
(4) 了解指向指针的指针的概念及其使用方法。
(5) 了解使用指向函数的指针变量。

2. 实验重点

(1) 指针运算符 * 与取地址运算符 & 的概念和使用。
(2) 指针的概念、定义和指针变量的使用。
(3) 指针与数组的关系。
(4) 正确使用字符串的指针和指向字符串的指针变量。

3. 实验难点

(1) 指针运算符 * 与取地址运算符 & 的概念和使用。
(2) 数组的指针和指向数组的指针变量。
(3) 函数指针的概念与使用。

4. 实验内容

(1) 指针定义及引用示例：阅读程序,写出输出结果,然后实验验证。

```
#include <stdio.h>
void main()
{int a = 5, * p = &a,b, * q;
  a = 10;
  * p = 15;
  q = p;
  * q = 20;
```

```
    b = * q;
    p = &b;
    printf("a = % d,b = % d, * p = % d, * q = % d\n",a,b, * p, * q);
}
```

（2）指针作为函数参数：仔细阅读程序，说明子函数的实际作用。写出输出结果，然后
实验验证。

```
# include < stdio. h >
void swap( int * p1 ,int * p2 )
{
    int   t ;
    t = * p1 ; * p1 = * p2 ; * p2 = t ;
}
void main()
{   int   x = 10, y = 20;
        printf(" (1)x = % d   y = % d\n",x,y);
        swap(&x,&y);
        printf("(2)x = % d   y = % d\n",x,y);
}
```

若将 swap 函数改为如下形式：

```
void   swap2( int * p1 ,int * p2 )
{
    int   * t ;
    * t = * p1 ;     * p1 = * p2 ;     * p2 = * t ;
}
```

主函数中的调用形式应为：

程序输出结果为：

```
void swap3( int * p1 ,int * p2 )
{
    int   * t ;
    t = p1 ; p1 = p2 ; p2 = t ;
}
```

主函数中的调用形式应为：

程序输出结果为：

（3）指针与一维数组示例：阅读程序，思考指针与一维数组的关系。写出输出结果，然后实验验证。

```
#include < stdio.h >
void main( )
{int a[10] = {2,4,6,8,10,12,14,16,18,20}, *p;
   p = a;
   printf(" %d: %d \n",p - a, *p);
   printf(" %d: %d \n",p - a, *(p + 9));
}
```


将程序改为：

```
#include < stdio.h >
void main( )
{int a[10] = {2,4,6,8,10,12,14,16,18,20}, *p;
   p = a;
   printf(" %d: %d \n",p - a, *p);
   p = p + 9;
   printf(" %d: %d \n",p - a, *p);
}
```


（4）指针与一维数组示例：阅读程序，理解用指针处理数组的一般方法。写出输出结果，然后实验验证。

```
#include < stdio.h >
void main( )
{   int a[10], *p,i;
   for(i = 0;i < 10;i ++ )
    a[i] = i + 1;
   p = a;
   for(i = 0;i < 10;i ++ )
   {   printf(" *[p + %d] = %d \n",i, *(p + i));
      printf("a[ %d] = %d \n",i ,a[i]);
   }
}
```

（5）编写程序：从键盘输入 10 个数据到一维数组 a 中，找到并输出该数组中最大值及该元素的下标。

（6）指针与二维数组示例：阅读程序，思考指针与二维数组的关系。写出输出结果，然后实验验证。

```
# include < stdio. h >
void main()
{
    int a[3][3] = {{1,2,3},{4,5,6},{7,8,9}};
    printf(" % d % d",a[1][1], * ( * (a + 1) + 1));
}
```

（7）指针与二维数组示例：本程序的功能是求方阵 m 主对角线元素之和以及次对角线元素之和，请完善本程序，然后实验验证。

```
# include < stdio. h >
void main()
{
    int i,j;
    int sum1 = 0, sum2 = 0;
    int m[5][5] = {0};
    printf("input: \n");
    for(i = 0;i < 5;i++ )
      for(j = 0;j < 5;j++ )
        scanf(" % d", * (m + i) + j);
    printf("\n");
    for(i = 0;i < 5;i++ )
    {   sum1 = sum1 + ( * ( * (m + i) + _____));
        sum2 = sum2 + ( * ( * (m + i) + _____))
    }
    printf("sum1 = % d, sum2 = % d\n",sum1,sum2);
}
```

（8）字符串示例：阅读程序，解释程序的功能。假设输入 abcd，写出输出结果，然后实验验证。

```
# include < stdio.h >
# include < string.h >
void main()
{  char s[80];
   int n;
   gets(s);
   n = strlen(s);
   while( -- n > = 0)
    printf(" % c",s [n]);
   printf("\n");
}
```

#include ＜string.h＞的作用是什么？

（9）指针与字符串示例：阅读程序，解释程序的功能。假设输入 56，写出输出结果，然后实验验证。

```
# include < stdio.h >
void main()
{  char * p,s[6];
   int n;
   p = s
   gets(p);
   n = * p - '0';
   while( * ( ++ p)!= '\0')
      n = n * 8 + * p - '0';
   printf(" % d\n",n);
}
```

（10）指针与字符串示例：本程序的功能是将一个整数字符串转换为一个整数，如将"-48"转换为-48，请完善本程序，然后实验验证。

```
# include ＜stdio.h＞
# include < string.h >
int ch_num(char * p)
{   int num = 0,k,len,j;
    len = strlen(p);
    for(;_____;p ++ )
```

```
        {k = _____;
         j = ( -- len);
         while(_____)   {k = k * 10;}
         num = num + k;
        }
   return (num);
}
void main()
{   char s[6];
    int n;
    gets(s);
    if( * s == ' - ')   n = - ch_num(s + 1);
    else   n = ch_num(s);
    printf(" % d\n",n);
}
```

如果输入"-4a8",会出现什么? 可将程序改为:

(11) 指针与字符串示例: 统计子串 substr 在母串 str 中出现的次数。阅读程序,写出输出结果,然后实验验证。

```
# include < stdio. h >
count(char * str, char * substr)
{int i, j, k, num = 0;
 for(i = 0; str[i]! = '\0'; i ++ )
    for(j = i, k = 0; substr[k] == str[j]; k ++ , j ++ )
if(substr[k + 1] == '\0')   {num ++ ; break;}
    return(num);
}
void main()
{char str[80], substr[80];
 int n;
 gets(str);
 gets(substr);
 printf(" % d\n", count(str, substr));
}
```

（12）编写程序：删除字符串 s 中的所有空格（包括 TAB 符，回车符，换行符）。

（13）指针数组示例：使用指针数组求解组合问题。已知一个不透明的布袋里装有红、蓝、黄同样大小的圆球各一个，现从中一次抓出两个，问可能抓到的是什么颜色的球？完善程序，写出输出结果，然后实验验证。

```c
# include < stdio.h >
void main( )
{char * color[3] = {"red","blue","yellow"}; /* 初始化 */
 int count = 0, i, j;
 for(i = 0; i < 3;i ++ )              /* i 代表第一个球对应的颜色下标 */
   for(j = 0;j < 3;j ++ )            /* j 代表第二个球对应的颜色下标 */
   {  if(i == j) continue;          /* 两个球不可能同色 */
      count ++ ;
      printf(" %6d", count);
      printf(" %10s  %10s\n", _____, _____);
   }
}
```

（14）指向指针的指针：阅读程序，写出输出结果，然后实验验证。

```c
# include < stdio.h >
void main( )
{ int static a[5] = {1,3,5,7,9};
 int * num[5] = {&a[0],&a[1],&a[2],&a[3],&a[4]};
 int * * p,i;
 p = num;
 for(i = 0;i < 5;i ++ )
   {printf(" %d\t", * * p);p ++ ;}
}
```

（15）指向函数的指针示例：阅读程序，解释程序功能，写出输出结果，然后实验验证。

```c
#include < stdio.h >
int f1(int x)
{
  printf("function-1: value %d\n", x);
  return 0;
}
int f2(int x)
{
  printf("function-2: value %d\n", x);
  return 0;
}
int f3(int x)
{
  printf("function-3: value %d\n", x);
  return 0;
}
void main()
{
  int (*myfunc)(int);
  myfunc = f1;
  (*myfunc)(0);
  myfunc = f2;
  (*myfunc)(1);
  myfunc = f3;
  (*myfunc)(2);
}
```

（16）*（选做）编写程序，使用插入排序法将 10 个数从小到大进行排序。插入法的思路是：先对数组的头两个元素进行排序，然后根据前两个元素的情况把第三个元素插入，再插入第四个元素……

（17）*（选做）编写程序删去字符串中所有的字符'e'。

（18）*（选做）使用指向函数的指针，编写计算器程序，可以完成 2 个数的加减乘除运算。

5. 讨论与总结

（1）总结指针和数组的关系。

（2）对数组元素的引用可以采用下标法，如 a[i]，或者指针法，如 *(a+i)，试比较这两种引用方法的不同之处，并说明它们各自的优缺点。

（3）体会指针数组与多维数组的区别。

2.10 实验9 结构体和共用体

1. 实验目的

(1) 掌握结构体类型变量的定义和使用。
(2) 掌握结构体类型数组的概念和使用。
(3) 掌握链表的概念及对链表的操作。
(4) 掌握共用体类型和枚举类型的概念和使用。

2. 实验重点

(1) 结构体类型变量的定义和使用。
(2) 结构体类型数组的概念和使用。
(3) 链表的概念及对链表操作。

3. 实验难点

(1) 结构体类型数组的概念和使用。
(2) 链表的概念及对链表操作。

4. 实验内容

(1) 结构体类型变量的定义及成员引用。阅读程序,写出输出结果,然后实验验证。

```
# include < stdio. h >
void main( )
{
struct cmplx {int x;
              int y;
              } cnum[2] = {1,3,2,7};
printf(" % d\n",cnum[0]. y/cnum[0]. x * cnum[1]. x);
}
```

(2) 结构体类型变量的定义及存储长度。阅读程序,写出输出结果,然后实验验证。

```
# include "stdio. h"
struct student
{
  int num;
  char name[20];
  char sex;
  int age;
```

```
    float score;
    char addr[30];
}student1;

void main()
{
    printf("%d,%d\n",sizeof(struct student),sizeof(student1));
}
```

(3) 结构体类型变量成员的赋值。阅读程序,写出输出结果,然后实验验证。

```
#include "stdio.h"
struct date
{   int month;
    int day;
    int year;
};
struct stud_type
{   char name[20];
    int age;
    char sex;
    struct date birthday;
    long num;
    float score;
};

void main()
{struct stud_type student1 = {"wanglin",18,'M',12,15,1974,89010,89.5};
struct stud_type student2;
student2 = student1;
printf("student1:%s,%d,%c,%d/%d/%d,%ld,%5.2f\n",student1.name,student1.age,
student1.sex,student1.birthday.month,student1.birthday.day,student1.birthday.year,
student1.num,student1.score);
printf("student2:%s,%d,%c,%d/%d/%d,%ld,%5.2f\n",student2.name,student2.age,
student2.sex,student2.birthday.month,student2.birthday.day,
    student2.birthday.year,student2.num,student2.score);
}
```

将 struct stud_type student1={"wanglin",18,'M',12,15,1974,89010,89.5};改为如下形式:

```
struct stud_type student1;
```

```
student1 = {"wanglin",18,'M',12,15,1974, 89010, 89.5};
```

则出现什么现象,为什么?

(4) 结构体类型数组的定义和使用。阅读程序,写出输出结果,然后实验验证。

```
static struct man
{
    char name[20];
    int age;
} person[] = {"li - ming",18, "wang - hua",19, "zhang - ping",20};
void main()
{   int i,j,max;
    max = person[0].age;
    for(i = 1;i < 3;i ++ )
    if(person[i].age > max)
    { max = person[i].age;
       j = i;
    }
    printf(" % s  % d\n",person[j].name,person[j].age);
}
```

(5) 指向结构体数组的指针示例:阅读程序,写出输出结果,然后实验验证。

```
# include < stdio. h >
struct stu
{   int x;
    int * y;
} * p;
int dt[4]  = {10,20,30,40};
struct stu a[4] = {50,&dt[0],60,&dt[1], 70,&dt[2],80,&dt[3]};
void main()
{   p = a;
    printf(" % d,", ++ p - > x);
    printf(" % d,",( ++ p) - > x);
    printf(" % d\n", ++ ( * p - > y));
}
```

(6) 结构体数组示例：以下程序输入若干人员的姓名(6位字母)机器电话号码(7位数字)，以字符＃结束输入，然后输入姓名，查找该人的电话号码。数据从 s[1]开始存放。阅读程序，完善此程序，然后实验验证。

```c
# include < stdio. h >
# include < string. h >
# define MAX 101
struct people
  { char name[7]; char tel[8];};
void main()
{struct people   s[MAX];
  int   num;   char   name[7];
  reading( s, &num );
  printf("Enter a name: ");gets( name );
  search( s,name,num );
}
reading( struct people * a , int   * n)
{   int i = 1 ;
  gets( a[i].name ); gets( a[i].tel);
  while ( strcmp(_____, "＃") )
  {   i ++ ;gets( a[i].name );
     gets( a[i].tel );
  }
   * n =-- i;
}
search(struct people * b, char * x, int n)
{   int i ;
  strcpy(_____,x);i = n;
  while( strcmp(b[i].name,b[0].name) ) i -- ;
  if(i! = 0) printf("name: % s tel: % s\n",b[i].name,b[i].tel );
  else   printf("Not been found !");
}
```

(7) 链表示例：创建一个存放正整数(输入－1作为结束标志)的单链表，并打印输出。阅读程序，理解单链表的创建，写出输出结果，然后实验验证。

```c
# include < stdlib. h >
# include < stdio. h >
struct node
{
    int num;
    struct node * next;
} ;
void main()
{
  struct node * creat();              /* 函数声明 */
  void print();
  struct node * head;                 /* 定义头指针 */
  head = NULL;                        /* 建一个空表 */
  head = creat(head);                /* 创建单链表 */
```

```
    print(head);                              /* 打印单链表 */
}
struct node * creat(struct node * head)
{
    struct node * p1, * p2;
    p1 = p2 = (struct node * )malloc(sizeof(struct node));      /* 申请新节点 */
    scanf(" % d",&p1 -> num);                /* 输入节点的值 */
    p1 -> next = NULL;                        /* 将新节点的指针置为空 */
    while(p1 -> num > 0)                      /* 输入节点的数值大于 0 */
    {
        if(head == NULL) head = p1;           /* 空表,接入表头 */
        else p2 -> next = p1;                 /* 非空表,接到表尾 */
        p2 = p1;
        p1 = (struct node * )malloc(sizeof(struct node));      /* 申请下一个新节点 */
        scanf(" % d",&p1 -> num);            /* 输入节点的值 */
    }
    return head;                              /* 返回链表的头指针 */
}

void print(struct node * head)               /* 输出以 head 为头的链表各节点的值 */
{
    struct node  * temp;
    temp = head;                              /* 取得链表的头指针 */
    while(temp! = NULL)                       /* 只要是非空表 */
    {
        printf(" % 6d",temp -> num);          /* 输出链表节点的值 */
        temp = temp -> next;                  /* 跟踪链表增长 */
    }
}

输入 5 8 12 23 34  - 1↙
```

(8) 编写程序。在(7)的链表中查找值为 12 的节点,然后在其后插入一个节点,在其中查找值为 23 的节点并删除。

(9) 共用体示例:阅读程序,写出输出结果,然后实验验证。

```
# include "stdio. h"
struct w
{    char low;
     char high;
};
union u
{    struct w byte;
     int word;
```

```
}    uu;
void main()
{    uu.word = 0x1234;
     printf("Word value: % 04x\n",uu.word);
     printf("High value: % 02x\n",uu.byte.high);
     printf("Low value:  % 02x\n",uu.byte.low);
     uu.byte.low = 0xff;
     printf("Word value: % 04x\n",uu.word);
}
```

(10) 共用体示例：阅读程序，写出输出结果，然后实验验证。

```
void main()
{union
   {struct
      { int x;
        int y;
      } in;
    int a;
    int b;
   }e;
e.a = 1;
e.b = 2;
e.in.x = e.a * e.b;
e.in.y = e.a + e.b;
printf(" % d % d",e.in.x,e.in.y);
}
```

(11) 枚举类型示例：以下程序对输入的两个数字进行正确性判断，若数据满足要求则打印正确信息，并计算结果，否则打印出相应的错误信息并继续读数，直到输入数值正确为止。仔细阅读程序，完善程序，然后实验验证。

```
enum ErrorData {Right,Less0,Great100,MinMaxErr};
char * ErrorMessage[ ] = {
     "Enter Data Right",
     "Data < 0 Error",
     "Data > 100 Error",
     "x > y Error"
};
void main()
{int status,x,y;
```

```
do {printf("please enter two number(x,y)");
    scanf(" % d % d",&x,&y);
    status = error(x,y);
    printf(ErrorMessage[ _____ ]);
    }while(status! = Right);
printf("Result = % d",x * x + y * y);
}
int error (int min,int max)
{if(max < min) return MinMaxErr;
 else if (max > 100) return Great100;
    else if(min < 0) return Less0;
    else   return _____ ;
}
```

（12）＊（选做）编写程序：使用结构体数组存储 10 个学生的学号、姓名、两门成绩以及平均成绩，其中学生的学号、姓名和两门成绩由键盘输入，平均成绩由程序计算得到。使用函数完成数据的输入和输出。

5. 讨论与总结

（1）总结结构体类型、共用体类型和枚举类型变量的定义形式及变量成员的引用方法。
（2）比较定义一个变量为标准类型与定义一个结构体类型变量的不同之处。
（3）体会链表操作是如何实现对内存的动态分配的。

2.11　实验 10　文件

1. 实验目的

（1）掌握文件以及缓冲文件系统、文件指针的概念。
（2）学会使用文件打开、关闭、读、写等文件操作函数。
（3）学会用缓冲文件系统对文件进行简单的操作。

2. 实验重点

文件打开、关闭、读、写等文件操作函数。

3. 实验难点

文件指针的使用。

4. 实验内容

（1）文件操作示例：阅读程序，说明程序的功能，然后实验验证。

```
#include < stdio. h >
void main()
{
    FILE * in, * out ;
    char ch,infile[10],outfile[10] ;
    printf("Enter the infile name :\n") ;
    scanf(" % s",infile) ;
    printf("Enter the outfile name :\n") ;
    scanf(" % s",outfile) ;
    if((in = fopen(infile,"r")) == NULL)
    {
        printf("cannot open infile\n") ;
        exit(0) ;
    }
    if((out = fopen(outfile,"w")) == NULL)
    {
        printf("cannot open outfile\n") ;
        exit(0) ;
    }
    while(!feof(in))
    fputc(fgetc(in),out) ;
    fclose(in) ;
    fclose(out) ;
}
```

(2) 文件操作及文件指针示例：阅读程序，说明程序功能，然后写出程序输出结果。

```
#include < stdio. h >
void main()
{   FILE * fp;
    long position;
    fp = fopen("gg. txt","a");
    position = ftell(fp);
    printf("position = % ld\n",position);
    fprintf(fp,"data");
    position = ftell(fp);
    printf("position = % ld\n",position);
    fclose(fp);
}
```

（3）以下程序的功能是将文件 file1.c 的内容输出到屏幕上并复制到文件 file2.c 中。仔细阅读程序，完善此程序，然后实验验证。

```
# include < stdio.h >
void main()
{
    FILE _____ ;
    fp1 = fopen("file1.c","r");
    fp2 = fopen("file2.c","w");
    while(! feof(fp1)) putchar(getc(fp1));

    _____
    while(! feof(fp1))
    fputc(_____);
    fclose(fp1);
    fclose(fp2);
}
```

（4）以下程序的功能是将文件 stud_dat 中第 i 个学生的姓名、学号、年龄、性别并输出。阅读程序，完善此程序，然后实验验证。

```
# include < stdio.h >
struct student_type
{
        char name [10];
        int num;
        int age;
        char sex;
} stud[10];
void main()
{
        int i;
        FILE _____ ;
        if((fp = fopen("stud_dat","rb")) == NULL)
                {
                        printf("cannot open file\n");
                        exit(0);
                }
        scanf("% d",&i);
        fseek(_____, i * _____,0);
        fread(_____, sizeof(struct_student_type),1,fp);
        printf(" % s % d % d % c\n", stud[i].name,
                stud[i].num,stud[i].age,stud[i].sex);
        fclose(fp);
}
```

（5）编写程序：建立磁盘文件 stud.txt 存储 10 个学生的学号、姓名、两门成绩以及平均成绩，其中学生的学号、姓名和两门成绩由键盘输入，平均成绩由程序计算得到。

5. 讨论与总结

（1）总结对文件进行读写和定位的方法。

（2）体会如何利用文件指针来实现对文件的访问。

第3部分　　C语言习题

适当的课后练习,起到巩固知识、提高编程能力的作用,在做题的同时要深入领会题目包含的知识点,发掘习题之间的内在联系,同时根据个人情况选择部分典型习题在计算机上进行编程实验验证,这样可以加深对课本理论的理解与掌握。

3.1　C语言初步

1. 选择题

(1) C语言是在(　　　)语言的基础上产生的。

A. A 　　　　　　B. B 　　　　　　C. D 　　　　　　D. E

(2) 在C语言中,每个语句必须以(　　　)结束。

A. 回车符 　　　　B. 冒号 　　　　C. 逗号 　　　　D. 分号

(3) 标识符和关键字之间要用(　　　)隔开。

A. 回车符 　　　　B. 冒号 　　　　C. 空格 　　　　D. 分号

(4) 以下不是C语言特点的是(　　　)。

A. C语言简洁、紧凑 　　　　　　　　B. 能够编制出功能复杂的程序
C. C语言可以直接对硬件进行操作 　　D. C语言移植性好

(5) 以下不正确的C语言标识符是(　　　)。

A. ABC 　　　　　B. abc 　　　　　C. a_bc 　　　　D. ab. c

(6) 以下正确的C语言标识符是(　　　)。

A. %x 　　　　　　B. a+b 　　　　　C. a123 　　　　D. test!

(7) 一个C程序的执行是从(　　　)。

A. main()函数开始,直到main()函数结束

B. 第一个函数开始,直到最后一个函数结束

C. 第一个语句开始,直到最后一个语句结束

D. main()函数开始,直到最后一个函数结束

(8) 一个C程序是由(　　　)。

A. 一个主程序和若干子程序组成

B. 一个或多个函数组成

C. 若干过程组成

D. 若干子程序组成

(9) 编辑程序的功能是（　　）。

A. 建立并修改程序　　　　　　　　　B. 将 C 源程序编译成目标程序

C. 调试程序　　　　　　　　　　　　D. 命令计算机执行指定的操作

(10) 用 C 语言编写的源文件经过编译,若没有产生编译错误,则系统将（　　）。

A. 生成可执行目标文件　　　　　　　B. 生成目标文件

C. 输出运行结果　　　　　　　　　　D. 自动保存源文件

(11) 下列说法中正确的是（　　）。

A. 由于 C 源程序是高级语言程序,因此一定要在 TC 软件中输入

B. 由于 C 源程序是字符流组成,因此可以作为文本文件在任何文本编辑的软件中输入

C. 由于 C 程序是高级语言程序,因此输入后即可执行

D. 由于 C 程序是高级语言程序,因此它由命令组成

(12) C 语言程序的基本单位是（　　）。

A. 过程　　　　　　B. 函数　　　　　　C. 子程序　　　　　　D. 标识符

(13) 下列说法中正确的是（　　）。

A. C 语言程序由主函数和 0 个或多个函数组成

B. C 语言程序由主程序和子程序组成

C. C 语言程序由子程序组成

D. C 语言程序由过程组成

(14) 下列说法中错误的是（　　）。

A. 主函数可以分为两个部分：主函数说明部分和主函数体

B. 主函数可以调用任何非主函数的其他函数

C. 任何非主函数可以调用其他任何非主函数

D. 程序可以从任何非主函数开始执行

2. 填空题

(1) C 语言是一种"＿＿＿＿＿",既具有＿＿＿＿＿的特点又具有＿＿＿＿＿的特点；既适合于开发＿＿＿＿＿又适合于编写＿＿＿＿＿。

(2) 在 C 语言中,输入操作是由库函数＿＿＿＿＿完成的,输出函数是由库函数＿＿＿＿＿完成的。

(3) C 程序的基本单位是＿＿＿＿＿。

(4) 每个源程序有且只有一个＿＿＿＿＿函数,系统总是从该函数开始执行 C 语言程序。

(5) C 语言的程序中有特殊含义的英语单词称为＿＿＿＿＿。

(6) C 语言中,标识符的定义规则是＿＿＿＿＿。

(7) C 语言程序的注释可以出现在程序中的任何地方,它总是以符号作为开始标记,以＿＿＿＿＿符号作为结束标记。

3. 简答题

(1) 机器语言、汇编语言、高级语言各有什么特点?

(2) 程序翻译的方式有哪两种? 各有哪些特点?

(3) 常见的程序设计有哪些结构？

(4) 什么是结构化程序设计？

(5) C语言具有哪些特点？

(6) C语言程序具有哪些基本组成部分？

(7) C语言程序的书写规则主要有哪些？

(8) 一个 C 语言应用程序上机过程一般要经过哪几个步骤？简述各步骤的作用。

4. 编程题

(1) 编写一个 C 语言应用程序,其功能是显示以下图形。

♯

♯♯

♯♯♯

♯♯♯♯

♯♯♯♯♯

(2) 编写 C 语言程序,运行后显示出以下信息。

```
***************************
  欢迎进入 C 语言的天地!
***************************
```

(3) 编写一个程序,在屏幕上显示出你的姓名。

3.2　数据类型、运算符与表达式

1. 选择题

(1) 在下列数据中属于"字符串常量"的是(　　)。

A. ABC　　　　　　B. "ABC"　　　　　　C. 'abc'　　　　　　D. 'a'

(2) 在 PC 中,'\n'在内存占用的字节数是(　　)。

A. 1　　　　　　　B. 2　　　　　　　C. 3　　　　　　　D. 4

(3) 字符串"ABC"在内存占用的字节数是(　　)。

A. 3　　　　　　　B. 4　　　　　　　C. 6　　　　　　　D. 8

(4) 在 C 语言中,合法的长整型常数是(　　)。

A. 0L　　　　　　B. 7654321　　　　　C. 0.07654321　D. 2.3456e10

(5) char 型常量在内存中存放的是(　　)。

A. ASCII 值　　　　B. BCD 码值　　　　C. 内码值　　　　　D. 十进制代码值

(6) 设 m,n,a,b,c,d 均为 0,执行(m＝n＝＝b)||(n＝c＝＝d)后,m,n 的值是(　　)。

A. 0,0　　　　　　B. 0,1　　　　　　C. 1,0　　　　　　D. 1,1

(7) 设 a 为 5,执行下列语句后,b 的值不为 2 的是(　　)。

A. b＝a/2　　　　B. b＝6－(－－a)　C. b＝a％2　　　　D. b＝a＞3? 2:4

(8) 执行语句 x＝(a＝3,b＝a－－)后,x,a,b 的值依次为(　　)。

A. 3,3,2　　　　　　B. 3,2,2　　　　　　C. 3,2,3　　　　　　D. 2,3,2

(9) 设整型变量 m,n,a,b 均为1,执行(m=a>b)&&(n=a>=b)后 m,n 的值是(　　)。

A. 0,0　　　　　　B. 0,1　　　　　　C. 1,0　　　　　　D. 1,1

(10) 设有 int a＝3;则执行语句 a ＋＝ a －＝ a * a;后 a 的值是(　　)。

A. 3　　　　　　B. 0　　　　　　C. 9　　　　　　D. －12

(11) 在以下一组运算符中,优先级最高的运算符是(　　)。

A. <=　　　　　　B. =　　　　　　C. %　　　　　　D. &&

(12) 设整型变量 i 的值为3,则计算表达式 i－－－i 后表达式的值是(　　)。

A. 0　　　　　　B. 1　　　　　　C. 2　　　　　　D. 出错

(13) 设整型变量 a,b,c 均为2,则表达式 a＋＋＋b＋＋＋c＋＋的结果是(　　)。

A. 6　　　　　　B. 9　　　　　　C. 8　　　　　　D. 出错

(14) 若已定义 x 和 y 为 double 类型,则表达式 x＝1,y＝x＋3/2 的值是(　　)。

A. 1　　　　　　B. 2　　　　　　C. 2.0　　　　　　D. 2.5

(15) 设 a＝1,b＝2,c＝3,d＝4,则表达式 a<b?a:c<d?a:d 的结果是(　　)。

A. 4　　　　　　B. 3　　　　　　C. 2　　　　　　D. 1

(16) 下列表达式中符合 C 语言语法的赋值表达式是(　　)。

A. a＝7＋b＋c＝a＋7　　　　　　B. a＝7＋b＋＋＝a＋7

C. a＝(7＋b,b＋＋,a＋7)　　　　　　D. a＝7＋b,c＝a＋7

(17) 若有 char a; int b; float c; double d;则表达式 a * b＋d－c 值的类型是(　　)。

A. float　　　　　　B. int　　　　　　C. char　　　　　　D. double

(18) 表达式 10 != 9 的值是(　　)。

A. true　　　　　　B. 非零值　　　　　　C. 0　　　　　　D. 1

2. 填空题

(1) 在内存中存储"A"要占用＿＿＿＿＿＿＿个字节,存储'A'要占用＿＿＿＿＿＿＿个字节。

(2) C 语言中符号常量的定义方法是＿＿＿＿＿＿＿。

(3) 定义变量的完整格式为＿＿＿＿＿＿＿。

(4) C 语言中的逻辑值"真"是用＿＿＿＿＿＿＿ 表示的,逻辑值"假"是用＿＿＿＿＿＿＿表示的。

(5) 符号常量的定义方法是＿＿＿＿＿＿＿。

(6) 无符号基本整型的数据类型符为＿＿＿＿＿＿＿,双精度实型数据类型符为＿＿＿＿＿＿＿,字符型数据类型符为＿＿＿＿＿＿＿。

(7) 在运算符＋、＋＋、&&、<＝中,优先级最高的是＿＿＿＿＿＿＿,最低的是＿＿＿＿＿＿＿。

(8) 设 a＝3,b＝2,c＝1,则 a＞b 的值为＿＿＿＿＿＿＿,a＞b＞c 的值为＿＿＿＿＿＿＿。

(9) 若 a＝10,b＝20,则表达式 !a＜b 的值为＿＿＿＿＿＿＿。

(10) 若 int x＝1,y＝2;则表达式 1.0＋x/y 的值为＿＿＿＿＿＿＿。

(11) 若 int 型变量 x＝y＝z＝5;若执行 x －＝ y － z 后 x ＝＿＿＿＿＿＿＿;若执行 x %＝ y ＋ z 后 x ＝＿＿＿＿＿＿＿;若执行 x ＝(y＞z)? x ＋2 : x －2,3,2后 x ＝

_____ ;

(12) 表述 20 ＜ x ＜ 30 或 x ＜ －100 的 C 语言表达式为_____。

(13) 设 c='w',a=1,b=2,d=−5,则表达式 'x'+1＞c, 'y'!=c+2, −a−5 * b＜=d+1, b==a=2 的值分别为_____、_____、_____、_____。

(14) 设 float x=2.5,y=4.7;int a=7;,表达式 x+a%3 * (int)(x+y)%2/4 的值为_____。

(15) 判断变量 a、b 的值均不为 0 的逻辑表达式为_____。

(16) 求解赋值表达式 a=(b=10)%(c=6),表达式值、a、b、c 的值依次为_____。

(17) 求解逗号表达式 x=a=3,6 * a 后,表达式值、x、a 的值依次为_____。

(18) 数学式 a/(b * c)的 C 语言表达式为_____。

3. 简答题

(1) C 语言有哪些常用的运算符,这些运算符的优先级是怎么划分的?

(2) 用户标识符在命名时,应注意哪几个方面?

(3) C 语言的表达式有哪些? 它跟语句有什么关系?

(4) C 语言的数据类型有哪些? 各有什么特点?

4. 编程题

(1) 编写一个程序,将大写字母转换为小写字母。

(2) 设 int i=12,j=25,k=56;,编写程序分别输出以下表达式的值及输出表达式执行前后变量 i、j、k 的值。

① (++i) * (++j) * (++k)   ② (i++) * (++j) * (k++)
③ i=i+j,j=j+k,k=k+i   ④ !(i=j)&&(j=k)

3.3 简单 C 程序设计

1. 选择题

(1) putchar 函数可以向终端输出一个(   )。

A. 整型变量表达式值   B. 实型变量值

C. 字符串   D. 字符或字符变量值

(2) 以下程序的输出结果是(   )。

```
main()
{
    printf("\n * s1 = % 15s * ","chinabeijing");
    printf("\n * s2 = % - 5s * ","chi");
}
```

A. * s1=chinabeijing□□□ *   * s2= * * chi *

B. * s1=chinabeijing□□□ *   * s2=chi□□ *

C. *s1＝*□□chinabeijing*　　*s2＝□□chi*

D. *s1＝□□□chinabeijing*　　*s2＝chi□□*

(3) printf 函数中用到格式符%5s,其中数字 5 表示输出的字符串占用 5 列。如果字符串长度大于 5,则输出按方式(　　);如果字符串长度小于 5,则输出按方式(　　)。

A. 从左起输出该字符串,右补空格　　　B. 按原字符长从左向右全部输出

C. 右对齐输出该字符串,左补空格　　　D. 输出错误信息

(4) x 和 y 均定义为 int 型,z 定义为 double 型,以下不合法的 scanf 函数调用语句是(　　)。

A. scanf("%d%s,%1e",&x,&y,&z);

B. scanf("%2d * %d%f",&x,&y,&z);

C. scanf("%x%d * %o",&x,&y);

D. scanf("%x%o%6.2f",&x,&y,&z);

(5) 已有如下定义和输入语句,若要求 a1、a2、c1 和 c2 的值分别为 10、20、A 和 B,当从第一列开始输入数据时,正确的数据输入方式是(　　)。

```
int a1,a2;char c1;c2;
scanf("%d%c%d%c",&a1,&c1,&a2,&c2);
```

A. 10A□20B<CR>　　　　　　　　B. 10□A□20□B<CR>

C. 10A20B<CR>　　　　　　　　　D. 10A20□B<CR>

(6) 已有定义 int x;float y;且执行 scanf("%3d%f",&x,&y);语句时,从第一列开始输入数据 12345□678<回车>,则 x 的值为(　①　),y 的值为(　②　)。

① A. 12345　　　B. 123　　　　C. 45　　　　D. 345

② A. 无定值　　　B. 45.000000　　C. 678.000000　　D. 123.000000

(7) 已有如下定义和输入语句,若要求 a1、a2、c1 和 c2 的值分别为 10、20、A 和 B,当从第一列开始输入数据时,正确的数据输入方式是(　　)(注:□表示空格,<CR>表示回车)。

```
int a1,a2; char c1,c2;
scanf("%d%d",&a1,&a2);
scanf("%c%c",&c1,&c2);
```

A. 1020AB<CR>　　　　　　　　　B. 10□20<CR>AB<CR>

C. 10□□20□□AB<CR>　　　　　D. 10□20AB<CR>

(8) 已有程序段和输入数据的形式,程序中输入语句的正确形式应当为(　　)。

```
main()
{
    int a;float f;
    printf("\nInput number:");
}
```

输入语句 printf("\nf=%f,a=%d\n",f,a);

输入的数据为 4.5<CR>2<CR>

A. scanf("%d,%f",&a,&f);   B. scanf("%f,%d",&f,&a);

C. scanf("%d%f,&a,&f);   D. scanf("%f%d",&f,&a);

(9) 阅读以下程序,当输入数据形式为 25,13,10<CR>,正确的输入结果为(　　)。

```
main()
{
    int x,y,z;
    scanf("%d%d%d",&x,&y,&z);
    printf("x+y+z=%d\n",x+y+z);
}
```

A. x+y+z=48   B. x+y+z=35   C. x+z=35   D. 不确定值

(10) 根据题目中已给出的数据的输入和输出形式,程序中输入输出的语句的正确内容是(　　)。

```
main()
{
    int x; float y;
    printf("enter x,y:");
    输入语句
    输出语句
}
```

输入为 2□3.4 输出为 x+y=5.40

A. scanf("%d,%f",&x,&y); printf("\nx+y=4.21",x+y);

B. scanf("%d%f",&x,&y); printf("\nx+y=4.2f",x+y);

C. scanf("%d%f",&x,&y); printf("\nx+y=6.1f",x+y);

D. scanf("%d%3.1f",&x,&y); printf("\nx+y=%4.2f",x+y);

(11) 以下说法正确的是(　　)。

A. 输入项可以为一个实型常量,如 scanf("%f",3.5);

B. 只有格式控制,没有输入项,也能进行正确输入,如 scanf("a=%d,b=%d");

C. 当输入一个实型数据时,格式控制部分应规定小数点后的位数,如 scanf("%4.2f",&f);

D. 当输入数据时,必须指明变量的地址,如 scanf("%f",&f);

(12) 有输入语句 scanf("a=%d,b=%d,c=%d",&a,&b,&c);使变量 a 的值为1,b 为3,c 为2,从键盘输入数据的正确形式应是(　　)。

A. 132<CR>   B. 1,3,2<CR>

C. a=1□b=3□c=2<CR>   D. a=1,b=3,c=2<CR>

(13) 已知 ch 是字符变量,下面正确的赋值语句是(　　)。

A. ch='123';   B. ch='\xff';   C. ch='\08';   D. ch='\'

(14) 已知 ch 是字符变量,下面不正确的赋值语句是(　　)。

A. ch='a+b';   B. ch='\0';   C. ch='7'+'9'   D. ch=5+9;

(15) 若有以下定义,且各变量均有初值,则正确的赋值语句是(　　)int a,b; float x;。

A. a=1,b=2;   B. b++;   C. a=b=5   D. b=int(x);

(16) 设 x、y 均为 float 型变量,则以下不合法的赋值语句是(　　)。

A. ++y;　　　　　　B. y=(x%2)/10;　　C. x * =y+8;　　　　D. x=y=0;

(17) 设 x、y 和 z 均为 int 型变量,则执行语句 x=(y=(z=10)+5)−5;后 x、y、z 的值是(　　)。

A. x=10 y=15 z=10　　　　　　　　B. x=10 y=10 z=10

C. x=10 y=15 z=15　　　　　　　　D. x=10 y=5 z=10

2. 填空题

(1) 以下程序的输出结果为_____。

```
main()
{
    short a;
    a = -4;
    printf("\na:dec = % d, oct = % x, unsigned = % u\n", a, a, a);
}
```

(2) 以下程序的输出结果为_____。

```
main()
{printf(" * % f, % 4.3f * \n", 3.14, 3.15);}
```

(3) 以下程序的输出结果为_____。

```
main()
{
    char c = 'a';
    printf("c:dec = % d, oct = % o, hex = % x, ASCII = % c\n", c, c, c, c);
}
```

(4) 已有定义 int d=−2;执行以下语句后的输出结果是_____。

```
printf(" * d = % d * % 2d * % - 3d * \n", d, d, d);
```

(5) 已有定义 int d=−2;执行以下语句后的输出结果是_____。

```
printf(" * d = % u * % 6u * % - 7u * \n", d, d, d);
```

(6) 已有定义 float d1=3.5,d2=−3.5;执行以下语句后的输出结果是_____。

```
printf(" * d1 = % f * % .4f * % 10.4f * \n, d1, d1, d1);
printf(" * d2 = % f * % .6f * % - 12.5f * \n", d2, d2, d2);
```

(7) 以下程序的输出结果为_____。

```
main()
{
    int x = 1, y = 2;
    printf("x = % d y = % d * sum * = % d\n", x, y, x + y);
    printf("10 squared is: % d\n", 10 * 10);
}
```

(8) 以下程序的输出结果为_____。

```
main()
{
  int x = 10; float pi = 3.1416;
  printf("(1) % d\n",x);              printf("(2) % 6d\n",x);
  printf("(3) % f\n",56.1);           printf("(4) % 514f\n",pi);
  printf("(5) % e\n",568.1);          printf("(6) % 14.e\n",pi);
  printf("(7) % g\n",pi);             printf("(8) % 12g\n",pi);
}
```

(9) 假设变量 a 和 b 均为整型,以下语句可以不借助任何变量把 a、b 中的值进行交换,请填空。

    a＋=_____   b=a－_____;   a－=_____;

(10) 设变量 a、b、c 均为整型,以下语句借助中间变量 t 把 a、b、c 中的值进行交换,即把 b 中的值给 a,把 c 中的值给 b,把 a 中的值给 c。例如,交换前 a＝10、b＝20、c＝30,交换后 a＝20、b＝30、c＝10,请填空。

    _____;   a=b;   b=c;   _____;

(11) 设 x、y、z 均为 int 型变量,m 为 long 型变量,则在 16 位机上执行下面赋值语句后,y=_____、z=_____、m=_____。

    y=(x=32767,x−1);   z=m=0xffff;

(12) 如有 int x;则执行下面语句后 x 值是_____。

    x=7;   x＋=x－=x＋x;

(13) 若有 int a,b;则以下语句的功能是_____。

    a＋=b;   b=a－b;   a－=b;

(14) 在 scanf 函数调用语句中,可以在格式字符和％之间加一星号,它的作用是_____。当输入以下数据:10_ _20_ _30_ _40<CR>,下面语句的执行结果是_____。

    int a1,a2,a3;   scanf("%d%d * %d%d",&a1,&a2,&3);

(15) 若有以下定义和语句,为使变量 c1 得到字符 'A',变量 c2 得到字符 'B',正确的格式输入形式是_____。

    char c1,c2;   scanf("%4c%4c",&c1,&c2);

(16) 执行以下程序时,若从第一列开始输入数据,为使变量 a＝3、b＝7、x＝8.5、y＝71.82、c1＝'A'、c2＝'a',正确的数据输入形式是_____。

```
main()
{
    int a,b; float x,y; char c1,c2;
    scanf(a = % d b = % d",&a,&b);
    scanf("x = % f y = % f",&x,&y);
    scanf("c1 = % c c2 = % c",&c1,&c2);
    printf("a = % d,b = % d,x = % f,y = % f,c1 = % c,c2 = % c",a,b,x,y,c1,c2);
}
```

3. 程序改错题

以下程序的功能是,输入长方形的两边长(边长可以取整数和实数),输出它的面积和周长。

```
main
{
  int a,b,s,1;
  scanf(" % d, % d",&a,&b);
  s = a * b;
  1 = a + b;
  printf("1 = % f,s = % f\n",1);
}
```

4. 编程题

(1) 编写程序,从键盘输入梯形的上下底边长度和高,计算梯形的面积。

(2) 编写程序,从键盘输入某学生的四科成绩,求出总分和平均分。

(3) 编写摄氏温度、华氏温度转换程序。要求:从键盘输入一个摄氏温度,屏幕就显示对应的华氏温度,输出取两位小数。转换公式为 F=(C+32)×9/5。

3.4 程序结构

1. 选择题

(1) 若 char c= 'A';则 c = (c>='A' && c<='Z') ? (c+32); C 的值是(   )。

A. 'A'　　　　　　B. 'a'　　　　　　C. 'Z'　　　　　　D. 'z'

(2) 设 x、y、z、t 均为 int 型变量,则执行以下语句后,t 的值为(   )。

x = y = z = 1; t =+ +x || + +y && + +z;

A. 不定值　　　　　B. 2　　　　　　C. 1　　　　　　D. 0

(3) 执行以下语句后 x 的值是(   )。

a = b = c = 0; x = 35;
if (! a) x-- ; else if (b); if (c) x = 3; else x = 4;

A. 34　　　　　　B. 4　　　　　　C. 35　　　　　　D. 3

(4) 下面的程序段所表示的数学函数关系是(   )。

y =-1;
if (x ! = 0) if (x>0) y = 1; else y = 0;

A. $y = -1(x < 0); 0(x = 0); 1(x > 0)$

B. $y = 1(x < 0); -1(x = 0); 0(x > 0)$

C. $y = 0(x < 0); -1(x = 0); 1(x > 0)$

D. $y = -1(x < 0); 1(x = 0); 0(x > 0)$

(5) 下列语句中,错误的是(   )。

A. while (x = y) 5;　　　　　　　　B. do x + + while (x = = 10);

C. while (0);　　　　　　　　　　　D. do 2; while (a = = b);

(6) 循环语句 for (x ＝ 0，y ＝ 0；(y != 123) || (x ＜ 4)；x ++)；的循环次数为（ ）。

A. 无限次　　　　　　B. 不确定　　　　　　C. 4 次　　　　　　D. 3 次

(7) 若有整型变量 i，j；则以下程序段中内循环体的执行次数为（ ）。

```
for ( i = 5 ; i ; i-- )
    for ( j = 0 ; j < 4 ; j++ ) { ... }
```

A. 20　　　　　　　　B. 24　　　　　　　　C. 25　　　　　　　D. 30

(8) 假定 a 和 b 为 int 型变量，则执行以下语句后 b 的值为（ ）。

```
a = 1 ; b = 10 ;
do { b - = a ; a++ ; }
while ( b-- < 0 ) ;
```

A. 9　　　　　　　　B. -2　　　　　　　　C. -1　　　　　　　D. 8

(9) 设 x 和 y 均为 int 型变量，则执行下面的循环后 y 的值为（ ）。

```
for ( y = 1, x = 1 ; y <= 50 ; y++ )
{   if ( x >= 10 ) break ;
    if ( x % 2 == 1 ) { x + = 5 ; continue ; }
    x - = 3 ;
}
```

A. 2　　　　　　　　B. 4　　　　　　　　C. 6　　　　　　　　D. 8

(10) 在 C 语言中，下列说法中正确的是（ ）。

A. 不能使用"do 语句 while（条件）"的循环

B. "do 语句 while（条件）"的循环必须使用 break 语句退出循环

C. "do 语句 while（条件）"的循环中，当条件为非 0 时结束循环

D. "do 语句 while（条件）"的循环中，当条件为 0 时结束循环

(11) 若 abcd 都是 int 类型变量且初值为 0，以下选项中不正确的赋值语句是（ ）。

A. a＝b＝c＝100；　　　　　　　　　　B. d++；

C. c＋b；　　　　　　　　　　　　　　D. d＝(c＝22)－(b++)；

(12) 若变量已正确定义，要将 a 和 b 中的数值进行交换，下面不正确的语句是（ ）。

A. a＝a＋b，b＋a－b，a＝a－b；　　　B. t＝a，a＝b，b＝t；

C. a＝t；t＝b；b＝a；　　　　　　　　D. t＝b；b＝a；a＝t；

(13) 下述程序输出的结果是（ ）。

```
void main()
 {
   int k = 11 ;
   printf("k= %d,,k= %o,k= %x",k,k,k);
}
```

A. k＝11,k＝12,k＝11　　　　　　B. k＝11,k＝13,k＝13

C. k＝11,k＝013,k＝0xb　　　　　D. k＝11,k＝13,k＝b

(14) 以下关于 if 语句的错误描述是( )。

A. 条件表达式可以是任意的表达式

B. 条件表达式只能是关系表达式或逻辑表达式

C. 条件表达式的括号不可省

D. 与 else 配对的 if 语句是其之前最近的未配对的 if 语句

(15) 执行了以下程序段后 x、w 的值为( )。

```
int x = 0,y = 1,z = 2,w;
if(x++)w = x;
else if(x++&&y >= 1)w = y;
else if(x++&&z > 1)w = z;
```

A. 0，1   B. 1，1   C. 2，1   D. 3，2

(16) 以下程序中,while 循环的循环次数是( )。

```
void main()
  {
    int i = 0;
    while(i < 10)
      { if(i < 1) continue;
        if(i == 5) break;
        i++;
      }
  }
```

A. 1   B. 10

C. 6   D. 死循环,不能确定次数

(17) 对于下面①、②两个循环语句,( )是正确的描述。

① while(1) ;

② for(; ;) ;

A. ①②都是无限循环   B. ①是无限循环,②错误

C. ①循环一次,②错误   D. ①②皆错误

2. 填空题

(1) 结构化程序设计规定的 3 种基本结构是_____结构、_____结构和_____结构。

(2) 若有定义语句"int a = 25，b = 14，c = 19 ;",下面程序段被执行的结果是_____。

```
if ( a++ <= 25 && b-- <= 2 && c++ )
    printf ( " *** a = %d , b = %d , c = %d \n" , a , b , c );
else
    printf ( " ### a = %d , b = %d , c = %d \n" , a , b , c );
```

(3) 以下两条 if 语句可以合并成一条 if 语句为_____。

```
if ( a <= b ) x = 1;
```

```
else y = 2 ;
if ( a > b ) printf( " * * * * y = %d \n" , y ) ;
else printf( "# # # # x = %d \n" , x ) ;
```

（4）设 i、j、k 均为整型变量，则执行如下语句后，k 的值为_____。

```
for ( i = 0 , j = 10 ; i <= j ; i++ , j-- ) k = i + j ;
```

（5）下列程序的功能是输入一个正整数，判断是否为素数，若为素数输出 1，否则输出 0，填空完成程序。

```
main ( )
{
    int i , x , y ;
    scanf ( "%d" , &x ) ;
    for ( i = 2 ; i <= x/2 ; i++ )
        if (_____) { y = 0 ; break ; }
    printf ( "%d\n" , y ) ;
}
```

3. 程序分析题

（1）阅读程序，写出运行结果。

```
main ( )
{
    int x = 100 , a = 10 , b = 20 , ok1 = 5 , ok2 = 0 ;
    if ( a < b ) if ( b != 15 ) if ( ! ok1 ) x = 1 ;
    else if ( ok2 ) x = 10 ;
            else x = -1 ;
    printf( "%d\n" , x ) ;
}
```

（2）阅读程序，写出运行结果。

```
main ( )
{
    int  y = 9 ;
    for ( ; y > 0 ; y-- )
        if ( y%3 == 0 ) { printf( "%d" , --y ) ; continue ; }
}
```

4. 程序设计题

（1）编写程序，输入一个整数，输出其符号（若≥0，输出 1；若＜0，输出 -1）。

（2）编写程序，输入 3 个数，输出其中最小值。

（3）输入一个正整数，判断其是否既是 5 又是 7 的整倍数，若是，则输出 Yes；否则输出 No。

（4）某市出租车 3km 的起租价为 6 元，3km 以外，按 1.5 元/km 计费。现编写程序，要求：输入行车里程数，输出应付车费。

（5）有一个分段函数：

$$y = \begin{cases} x \cdots\cdots\cdots\cdots (-5 < x < 0) \\ x-1\cdots\cdots (x = 0) \\ x+1\cdots\cdots (0 < x < 10) \end{cases}$$

编写程序,要求输入 x 的值后,输出 y 的值。

(6) 编写程序,输入 10 个整数,统计并输出其中正数、负数和零的个数。

(7) 打印输出以下图案。

```
①  *              ②      *                    ③      1
   * *                  *  *  *                     1  2  3
   * * *              *  *  *  *  *               1  2  3  4  5
   * * * *                 *  *  *              1  2  3  4  5  6  7
   * * * * *                   *             1  2  3  4  5  6  7  8  9
```

(8) 有两个红球、三个黄球、四个白球,任意取四个球,其中必须有一个红球,编程输出所有可能的方案。

(9) 编程统计从键盘输入的字符中数字字符的个数,用换行符结束循环。

3.5 数　　组

1. 选择题

(1) 若有以下说明,则数值为 4 的表达式是(　　)。

```
int a[12] = { 1, 2, 3, 4, 5, 6, 7, 8, 9, 10, 11, 12 };
char c = 'a', d, g;
```

A. a[g − c]　　　　B. a[4]　　　　　C. a['d' − 'c']　　D. a['d' − c]

(2) 设有定义 char s[12] = {"string"};则 printf("%d\n", strlen(s));输出的是(　　)。

A. 6　　　　　　B. 7　　　　　　C. 11　　　　　　D. 12

(3) 若有以下数组定义:

```
int a[10] = {1,2,3,4,5,6,7,8,9,10};
```

则关于语句 printf("%d ",a[10]);说法正确的是(　　)。

A. 正确执行并输出 10　　　　　　　　B. 能够执行但输出 0

C. 语法错误,不能执行　　　　　　　　D. 虽然能够执行,但输出结果不确定

(4) 下列语句中,正确的是(　　)。

A. char a[3][ ] = { 'abc', '1'} ;　　　　　　B. char a[ ][3] = { 'abc', '1'} ;

C. char a[3][ ] = { 'a', "1"} ;　　　　　　D. char a[3][ ] = { "a", "1"} ;

(5) 合法的数组定义是(　　)。

A. int a[ ] = {"string"} ;　　　　　　　　B. int a[5] = {0,1,2,3,4,5} ;

C. char a = {"string"} ;　　　　　　　　D. char a[ ] = {0,1,2,3,4,5} ;

（6）语句"printf（"%d\n"，strlen（"ats\no12\1\\"））；"的输出结果是（　　）。

A. 11　　　　　　　B. 10　　　　　　　C. 9　　　　　　　D. 8

（7）函数调用 strcat(strcpy(str1,str2), str3)的功能是（　　）。

A. 将字符串 str1 复制到 str2 中后再连接到 str3 之后

B. 将字符串 str1 连接到 str2 之后再复制到 str3 之后

C. 将字符串 str2 复制到 str1 中后再将字符串 str3 连接到 str1 之后

D. 将字符串 str2 连接到 str1 之后再将字符串 str1 复制到 str3 中

（8）设有如下定义，则叙述正确的为（　　）。

```
char x[ ] = {"abcdefg"};
char y[ ] = {'a','b','c','d','e','f','g'};
```

A. 数组 x 和数组 y 等价　　　　　　　B. 数组 x 的长度大于数组 y 的长度

C. 数组 x 和数组 y 长度相同　　　　　D. 数组 x 的长度小于数组 y 的长度

（9）关于数组定义，以下说法不正确的是（　　）。

A. 定义数组时，可以只为其中的部分元素赋值

B. 多维数组在定义时只能省略第一维的长度

C. 多维数组在定义时不能省略的是第一维的长度

D. 局部数组在定义时也可以赋初值

（10）以下程序输出的结果是（　　）。

```
void main()
{
    int i,k,a[10],p[3];
    k = 5;
    for(i = 0;i < 10;i++ ) a[i] = i;
    for(i = 0;i < 3;i++ ) p[i] = a[i * (i + 1)];
    for(i = 0;i < 3;i++ ) k + = p[i] * 2;
    printf("% d\n",k);
}
```

A. 20　　　　　　　B. 21　　　　　　　C. 22　　　　　　　D. 23

（11）数组名作为参数传递给函数，作为实在参数的数组名被处理为（　　）。

A. 该数组的长度　　　　　　　　　　B. 该数组元素个数

C. 该数组各元素的值　　　　　　　　D. 该数组的首地址

2. 填空题

（1）设有定义语句"int a[3][4] = { {1}, {2}, {3} };"，则 a[1][1]的值为_____，a[2][1]的值为_____。

（2）若在程序中用到 putchar()函数时，应在程序开头写上包含命令_____，若在程序中用到 strlen()函数时，应在程序开头写上包含命令_____。

（3）下面程序的功能是输出 a 数组中最大元素的下标，请填空。

```
main()
{
```

```
        int k, p ;
        int a[ ] = {1, - 9, 7, 2, - 10, 3} ;
        for ( p = 0 , k = p; p < 6; p++ )
            if (a[p] > a[k])_____
        printf(" % d\n", k);
    }
```

(4) 下面程序的功能是将一个字符串 str 的内容颠倒过来,请填空。

```
# include"string.h"
main()
{
    int i, j, k ;
    char str[ ] = {"1234567"};
    for (_____)
    { k = str[i]; str[i] = str[j]; str[j] = k ; }
}
```

3. 程序分析题

(1) 阅读程序,写出运行结果。

```
main()
{
    static int a[ ][3] = {9,7,5,3,1,2,4,6,8};
    int i, j, s1 = 0, s2 = 0;
    for ( i = 0; i < 3 ; i++ )
        for ( j = 0 ; j < 3 ; j++ )
        {
            if ( i == j ) s1 = s1 + a[i][j];
            if ( i + j == 2 ) s2 = s2 + a[i][j];
        }
    printf ( " % d, % d\n", s1, s2 );
}
```

(2) 说明下列程序的功能。

```
main()
{
    int i , j ;
    float a[3][3] , b[3][3] ;
    for ( i = 0 ; i < 3 ; i++ )
        for ( j = 0 ; j < 3 ; j++ )
        {scanf ( " % f" , &x ) ; a[ i ][ j ] = x ; }
    for ( i = 0 ; i < 3 ; i++ )
        for ( j = 0 ; j < 3 ; j++ ) b[ j ][ i ] = a[ i ][ j ];
    for ( i = 0 ; i < 3 ; i++ )
    { printf("\n");
        for ( j = 0 ; j < 3 ; j++ ) printf(" % f", b[ i ][ j ]);
    }
}
```

（3）写出下列程序的运行结果。

```
main()
{
    char a[ ] = {'＊','＊','＊','＊','＊'};
    int i , j , k ;
    for ( i = 0 ; i < 5 ; i++ )
    {
        printf("\n");
        for ( j = 0 ; j < i ; j++ ) printf ("％c", '') ;
        for ( k = 0 ; k < i ; k++ ) printf ("％c", a[ k ] ) ;
    }
}
```

4. 程序设计题

（1）编写程序，输入单精度型一维数组 a[10]，计算并输出 a 数组中所有元素的平均值。

（2）编写程序，输入 10 个整数存入一维数组，再按逆序重新存放后再输出。

（3）编写程序，输入两个字符串（< 40 个字符），连接后输出（要求：不能使用系统提供的函数）。

（4）输入一个字符串，将其中的所有大写字母转化为小写字母，将所有小写字母转化为大写字母，然后输出。

（5）编写程序，输入一个整型数据，输出各位数字之和。

（6）编写一个班级成绩统计程序，要求：

① 读入全班学生的 4 门成绩，并计算每个人的平均成绩；

② 统计班级各门课程的平均分。

（7）有一个数组，内放有 10 个数，编程找出其中最小的数及其下标。

（8）求一个 4×4 矩阵的对角线元素之和。

3.6 函　　数

1. 选择题

（1）C 语言中函数的隐含存储类型是（　　）。

A. auto　　　　　　　B. static　　　　　　C. extern　　　　　　D. 无存储类型

（2）以下对 C 语言函数的有关描述中，正确的是（　　）。

A. 调用函数时只能把实参的值传送给形参，形参值不能传送给实参

B. C 函数既可以嵌套定义又可以递归调用

C. 函数必须有返回值，否则不能使用函数

D. C 程序中有调用关系的所有函数必须放在同一个源程序文件中

（3）C 语言中函数返回值的数据类型是由（　　）决定。

A. 主调函数的类型　　　　　　　　　　B. 定义函数时指定的类型

C. return 语句中表达式的类型　　　　　D. 声明函数时的类型

(4) 下列程序的输出结果是(   )。

```
int m = 13;
int fun( int x,int y)
{   int m = 3;
    return (x * y - m);
}
main( )
{   int a = 7,b = 5;
    printf(" % d",fun(a,b)/m);
}
```

A. 1   B. 2   C. 7   D. 10

(5) 以下程序的输出结果是(   )。

```
int d = 1;
void fun( int n)
{   long s;
    int d = 5;
    d + = n++ ;
    printf(" % d\t",d);
}
main( )
{ int a = 3;
    fun(a);
    d + = a++ ;
    printf(" % d",d);
}
```

A. 8   4   B. 9   6   C. 9   4   D. 8   5

(6) 在 C 语言中,若省略函数数据类型说明,则函数值的隐含类型是(   )。

A. void   B. int   C. float   D. extern

(7) 下面函数调用语句含有实参的个数是(   )。

```
Func((exp1,exp2),(exp3,exp4,exp5));
```

A. 1   B. 2   C. 4   D. 5

(8) 以下正确的函数定义形式是(   )。

A. double fun(int x,int y)   B. double fun(int x;int y)

C. double fun(int x,int y);   D. double fun(int x,y);

2. 填空题

(1) 函数中的形参和调用时的实参都是数组名时,传递方式为_____;都是变量时,传递方式为_____。

(2) 函数中形参的作用域为_____,全局的外部变量和函数体内定义的局部变量重名时,_____变量优先。

(3) 若自定义函数要求有返回值,则应在该函数体中有一条_____语句;若自定义函数要求不返回一个值,则应在对该函数的说明时加一个类型说明符_____。

（4）下面函数要求计算两个整数 x、y 之和，并通过形参 z 传回这两个整数之和的值，请填空。

```
void add( int x , int y , _____ z )
{ _____ = x + y ; return _____ ; }
```

3. 程序分析题

（1）阅读函数，写出函数的主要功能。

```
float av (float a[ ] , int n )
{
    int i ; float s ;
    for ( i = 0 , s = 0 ; i < n ; i++ ) s = s + a[ i ] ;
    return ( s / n ) ;
}
```

（2）写出下列程序执行的结果。

①
```
int w = 3;
main()
{   int w = 10;
    printf(" % d\n",fun(5) * w);
}
fun( int k )
{
    if(k == 0) return w;
    return(fun(k - 1) * k);
}
```

程序 1 结果为_____。

②
```
int fun( int n )
{
    static int f = 1;
    f = f + n;
    return (f);
}
main()
{   int i;
    for (i = 1; i < 5; i++) printf(" % d",fun(i));
}
```

程序 2 结果为_____。

③
```
main()
 { int m = 5;
    fun(m/2); printf("m1 = % d,",m);
    fun(m = m/2); printf("m2 = % d,",m);
    fun(m/2); printf("m3 = % d",m);
 }
fun( int m )
{m = m <= 2?5:0;
```

```
        return m;
    }
```

程序 3 结果为_____。

4. 程序设计题

(1) 定义一个函数,求 x 的 y 次方。

(2) 编写一个函数,若参数 y 为闰年,则返回 1;否则返回 0。

(3) 编写一个名为 countc 函数,要求如下:

形式参数:array 存放字符串的字符型数组名。

功能:统计 array 数组中大写字母的数目。

返回值:字符串中大写字母的数目。

(4) 编写一个名为 link 函数,要求如下:

形式参数:s1[40],s2[40],s3[80]存放字符串的字符型数组。

功能:将数组 s2 连接到数组 s1 后存入数组 s3 中。

返回值:连接后字符串的长度。

(5) 编写一个函数,返回一维实型数组前 n 个元素的最大数、最小数和平均值。数组、n 和最大数、最小数和平均值均作为函数的形式参数,本函数无返回值。

(6) 定义一个宏,将大写字母变成小写字母。

3.7 指 针

1. 选择题

(1) 设有定义"int a = 3,b, *p = &a;",则下列语句中使 b 不为 3 的语句是(   )。

A. b = * &a;   B. b = * &p;   C. b = a;   D. b = *a;

(2) 设指针 x 指向的整型变量值为 25,则 printf("%d\n", ++ * x);的输出是(   )。

A. 23   B. 24   C. 25   D. 26

(3) 若有说明 int i,j = 7, *p = &i;则与 i = j;等价的语句是(   )。

A. i = p;   B. *p = * &j;   C. i = &j;   D. i = * *p;

(4) 若有说明 int a[10], *p = a;对数组元素引用正确的是(   )。

A. a[p]   B. p[a]   C. * (p + 2) D. p + 2

(5) 在下面各语句行中,能正确进行字符串操作的语句是(   )。

A. char a[5] = {"ABCDE"};

B. char s[5] = {'A','B','C','D','E'};

C. char * s; s = "ABCDEF";

D. char * s; scanf("%s", &s);

(6) 若有以下定义,则不能表示 a 数组元素的表达式是(   )。

int a[10], *p = a;

A. ＊p   B. a[10]   C. ＊a   D. a[p－a]

(7) 若有以下定义,则值为 3 的表达式是(　　　)。

```
int a[ ] = {1,2,3,4,5,6,7,8,9,10} , * p = a ;
```

A. p＋＝2,(p++)   B. p＋＝2,++p

C. p＋＝3,＊p++   D. p＋＝2,++＊p

(8) 执行语句"char a[10] ＝ {"abcd"}, p ＝ a;"后,＊(p＋4)的值是(　　　)。

A. "abcd"   B. 'd'   C. '\0'   D. 不能确定

(9) 设有定义语句"int（＊ptr)[10］;",其中 ptr 是(　　　)。

A. 10 个指向整型变量的指针

B. 指向 10 个整型变量的函数指针

C. 一个指向具有 10 个元素的一维数组的指针

D. 具有 10 个指针元素的一维数组

(10) 若有以下定义,则数值为 4 的表达式是(　　　)。

```
int w[ 3 ][ 4 ] = { { 0,1 } , ( 2,4 ) , { 5,8 } } , ( *p )[ 4 ] = w ;
```

A. ＊w[1]＋1   B. p++,＊(p+1)   C. w[2][2]   D. p[1][1]

(11) 若有下面的程序,则对数组元素的错误引用是(　　　)。

```
int a[12] = {0} , *p[3] , * *pp , i ;
for ( i = 0 ; i < 3 ; i++ ) p[ i ] = &a[ i+4 ] ;
pp = p ;
```

A. pp[0][1]   B. a[10]   C. p[3][1]   D. ＊(＊(p＋2)＋2)

(12) 若有如下定义和语句,则输出结果是(　　　)。

```
int * *pp , *p , a = 10 , b = 20 ;
pp = &p ; p = &a ; p = &b ; printf(" %d , %d \n" , *p , * *pp) ;
```

A. 10 , 20   B. 10 , 10   C. 20 , 10   D. 20 , 20

(13) 若有以下定义和语句,则对 w 数组元素的非法引用是(　　　)。

```
int  w[2][3] , ( *pw)[3] ; pw = w ;
```

A. ＊(w[0]＋2)   B. ＊pw[2]

C. pw[0][0]   D. ＊(pw[1]＋2)

2. 填空题

(1) "＊"称为_____运算符,"&"称为_____运算符。

(2) 若两个指针变量指向同一个数组的不同元素,可以进行减法和_____运算。

(3) 设 int a[10] , p ＝ a ; 则对 a[3]的引用可以是 p[_____]和 ＊(p_____)。

(4) 若 d 是已定义的双精度变量,再定义一个指向双精度变量 d 的指针变量 p 的语句是_____。

(5) & 后跟变量名,表示该变量的_____,＊后跟指针变量名,表示该指针变量的

_____,& 后跟指针变量名,表示该指针变量的_____。

(6) 设有 char ＊a="ABCD",则 printf("％s", a)的输出是_____ ；而 printf ("％c", ＊a)的输出是_____。

(7) 设有以下定义和语句,则 ＊(＊(p＋2)＋1)的值为_____。

```
int a[3][2] = {10 , 20 , 30 , 40 , 50 , 60} , ( ＊p)[2] ;
p = a ;
```

(8) 以下程序的功能是从键盘上输入若干字符(以回车键作为结束)组成一个字符串存入一个字符数组,然后输出该字符数组中的字符串。请填空。

```
# include "ctype. h"
# include "stdio. h"
main()
{
    char str[81] , ＊sptr ;
    int i ;
    for ( i = 0 ; i < 80 ; i++ )
    {str[ i ] = getchar() ; if ( str[ i ] == '\n') break ; }
    str[ i ] = _____ ;
    sptr = str ;
    while ( ＊sptr ) putchar ( ＊sptr _____ ) ;
}
```

3. 程序分析题

(1) 阅读下列程序,写出程序的输出结果。

```
main()
{
    char ＊a[ 6 ] = { "AB" , "CD" , "EF" , "GH" , "IJ" , "KL" } ;
    int i ;
    for ( i = 0 ; i < 4 ; i++ ) printf ( "％s" , a[ i ] ) ;
    printf ( "\n" ) ;
}
```

(2) 阅读下列程序,写出程序的主要功能。

```
main()
{
    int i , a[ 10 ] , ＊p = &a[9] ;
    for ( i = 0 ; i < 10 ; i++ ) scanf ( "％d" , &a[ i ] ) ;
    for ( ; p >= a ; p-- ) printf ( "％d \n" , ＊p ) ;
}
```

(3) 阅读下列程序,写出程序运行的输出结果。

```
char s[ ] = "ABCD" ;
main ()
{
    char ＊p ;
```

```
    for ( p = s ; p < s + 4 ; p++ ) printf( "%s\n" , p ) ;
}
```

（4）阅读下列程序，写出程序运行的结果。

```
main()
{
    int i , b , c , a[ ] = {1 , 10 , -3 , -21 , 7 , 13 } , *p_b , *p_c ;
    b = c = 1 ; p_b = p_c = a ;
    for ( i = 0 ; i < 6 ; i++ )
    {
        if ( b <= *( a + i ) ) { b = *( a + i ) ; p_b = &a[ i ] ; }
        if ( c >= *( a + i ) ) { c = *( a + i ) ; p_c = &a[ i ] ; }
    }
    i = *a ; *a = *p_b ; *p_b = i ;
    i = *( a + 5 ) ; *( a + 5 ) = *p_c ; *p_c = i ;
    printf ( "%d, %d, %d, %d, %d, %d\n" ,
        a[ 0 ] , a[ 1 ] , a[ 2 ] , a[ 3 ] , a[ 4 ] , a[ 5 ] ) ;
}
```

4. 程序设计题

（1）编写程序，输入 15 个整数存入一维数组，再按逆序重新存放后再输出。

（2）输入一个字符串，按相反次序输出其中的所有字符。

（3）输入一个一维整型数组，输出其中的最大值、最小值和平均值。

（4）输入 3 个字符串，输出其中最大的字符串。

（5）输入 2 个字符串，将其连接后输出。

（6）输入 10 个整数，将其中最大数和最后一个数交换，最小数和第 1 个数交换。

3.8 结构体与共用体

1. 选择题

（1）设有定义语句"struct { int x ; int y ; } d[2] = { { 1,3 } , { 2,7 } } ;"，则
printf("%d\n" , d[0].y / d[0].x * d[1].x) ;的输出是（   ）。

A. 0   B. 1   C. 3   D. 6

（2）设有定义语句"enum term { my , your=4 , his , her=his+10 } ;"，则 printf("%d,
%d,%d,%d" , my , your , his , her) ;的输出是（   ）。

A. 0,1,2,3   B. 0,4,0,10   C. 0,4,5,15   D. 1,4,5,15

（3）以下对枚举类型名的定义中正确的是（   ）。

A. enum a = {one , two , three } ;

B. enum a {a1 , a2 , a3 } ;

C. enum a = { '1' , '2' , '3' } ;

D. enum a { "one" , "two" , "three" } ;

(4) 若有如下定义,则 printf("%d\n" , sizeof(them)) ; 的输出是( )。

```
typedef union { long x[ 2 ]; int y[ 4 ]; char z[ 8 ]; }
MYTYPE ;
MYTYPE them ;
```

A. 32   B. 16   C. 8   D. 24

(5) 若有如下说明和定义

```
typedef union { long i ; int k[5]; char c ; } DATE ;
struct date { int cat ; DATE cow ; double dog ; } too;
DATE max ;
```

则下列语句的执行结果是( )。

```
printf ( "%d", sizeof ( struct date ) + sizeof ( max ) ) ;
```

A. 26   B. 30   C. 18   D. 8

(6) 根据下面的定义,能打印出字母 M 的语句是( )。

```
struct person { char name[ 9 ] ; int age ; }
struct person c[10] =
    { "John", 17, "Paul", 17, "Mary", 18, "Adam", 16 } ;
```

A. printf("%c", c[3]. name) ;   B. printf("%c", c[3]. name[1]) ;
C. printf("%c", c[2]. name[1]) ;   D. printf("%c", c[2]. name[0]) ;

(7) 设有如下定义,则对 data 中的成员 a 引用正确的是( )。

```
struct sk { int a; float b ; } data , * p = &data ;
```

A. (* p). data. a   B. (* p). a   C. p -> data. a   D. p. data. a

2. 程序分析题

(1) 阅读程序,写出运行结果(字符 0 的 ASCII 码为十六进制的 30)。

```
main()
{
    union { char c ; char i[4] ; } z ;
    z.i[0] = 0x39; z.i[1] = 0x36;
    printf( "%c\n" , z .c ) ;
}
```

(2) 阅读程序,写出运行结果。

```
main()
{
    struct student
    {
        char name[10] ;
        float k1 ;
        float k2 ;
    } a[2] = {{ "zhang" , 100 , 70 } , { "wang" , 70 , 80 }}, * p = a ;
```

```
    int i ;
    printf ( "\nname: % s total = % f", p->name,p->k1 + p->k2 );
    printf ( "\nname: % s total = % f",a[1]->name,a[1]->k1 + a[1]->k2 );
}
```

3. 程序设计题

（1）设计一个程序，用结构类型实现两个复数相加。

（2）定义一个结构类型变量（包括年、月、日）实现：输入一个日期显示它是该年第几天。

3.9 文　　件

1. 选择题

（1）以下要作为 fopen 函数中第一个参数的正确格式是（　　）。

A. c:user\text. txt　　　　　　　　　B. c:\rser\text. txt

C. \user\text. txt　　　　　　　　　D. "c:\\user\\text. txt"

（2）若执行 fopen 函数时发生错误，则函数的返回值是（　　）。

A. 地址值　　　　B. 0　　　　　　C. 1　　　　　　D. EOF

（3）若要用 fopen 函数以读写方式建立一个新的二进制文件时，则该函数的第二个参数应该设置为（　　）。

A. "ab+"　　　　B. "wb+"　　　　C. "rb+"　　　　D. "ab"

（4）若以"a+"方式打开一个已存在的文件，则以下叙述正确的是（　　）。

A. 文件打开时，原有文件内容不被删除，位置指针移到文件末尾，可做添加和读操作

B. 文件打开时，原有文件内容被删除，位置指针移到文件开头，可做重新写和读操作

C. 文件打开时，原有文件内容被删除，只可做写操作

D. 以上各种说法皆不正确

（5）当顺利执行了文件关闭操作时，fclose 函数的返回值是（　　）。

A. -1　　　　　　B. TRUE　　　　C. 0　　　　　　D. 1

（6）已知函数的调用形式 fread(buffer,size,count,fp);其中 buffer 代表的是（　　）。

A. 一个整型变量，代表要读入的数据项总数

B. 一个文件指针，指向要读的文件

C. 一个指针，指向要读入数据的存放地址

D. 一个存储区，存放要读的数据项

（7）fscanf 函数的正确调用形式是（　　）。

A. fscanf(fp,格式字符串,输出表列)

B. fscanf(格式字符串,输出表列,fp)

C. fscanf(格式字符串,文件指针,输出表列)

D. fscanf(文件指针,格式字符串,输入表列)

(8) fwrite 函数的一般调用形式是(　　)。

A. fwrite(buffer,count,size,fp)　　　　　　B. fwrite(fp,size,count,buffer)

C. fwrite(fp,count,size,buffer)　　　　　　D. fwrite(buffer,size,count,fp)

(9) fgetc 函数的作用是从指定文件读入一个字符,该文件的打开方式必须是(　　)。

A. 只写　　　　　　B. 追加　　　　　　C. 读或读写　　　　　　D. 答案 B 和 C 都正确

(10) 若调用 fputc 函数输出字符成功,则其返回值是(　　)。

A. EOF　　　　　　B. 1　　　　　　C. 0　　　　　　D. 输出的字符

(11) 函数调用语句"fseek(fp,−20L,2);"的含义是(　　)。

A. 将文件位置指针移到了距离文件头 20 个字节处

B. 将文件位置指针从当前位置向后移动 20 个字节

C. 将文件位置指针从文件末尾处向后退 20 个字节

D. 将文件位置指针移到了距离当前位置 20 个字节处

(12) 利用 fseek 函数可以实现的操作是(　　)。

A. 改变文件的位置指针　　　　　　B. 文件的顺序读写

C. 文件的随机读写　　　　　　D. 以上答案均正确

(13) Rewind 函数的作用是(　　)。

A. 使位置指针重新返回文件的开头

B. 将位置指针指向文件中所要求的特定位置

C. 使位置指针指向文件的末尾

D. 使位置指针自动移至下一个字符位置

(14) ftell(fp)函数的作用是(　　)。

A. 得到流式文件中的当前位置

B. 移动流式文件的位置指针

C. 初始化流式文件的位置指针

D. 以上答案均正确

2. 填空题

(1) 在 C 程序中,数据可以用＿＿＿＿和＿＿＿＿两种代码形式存放。

(2) 函数调用语句 fgets(buf,n,fp);从 fp 指向的文件中读入＿＿＿＿个字符放到 buf 字符数组中。函数值为＿＿＿＿。

(3) feof(fp)函数用来判断文件是否结束,如果遇到文件结束,函数值为＿＿＿＿,否则为＿＿＿＿。

第4部分 综合模拟测试题

4.1 模拟试题1

1. 选择题(共40分＝2分×20)

(1) 若有 char a；int b；float c；double d；则表达式 a＊b＋d－c 值的类型是( )。

A. float B. int C. char D. double

(2) 设变量 c 为字符型，则以下正确判断字符 c 是小写字母的表达式是( )。

A. 'a'<=c<= 'z' B. ('a'<=c) || (c<='z')

C. ('a'<=c) && (c<='z') D. ('a'>=c) && (c<='z')

(3) sizeof(double)的值是( )。

A. 1 B. 2 C. 4 D. 8

(4) 若 int a＝ －1,b＝0,c＝1；则表达式值为 0 的是( )。

A. a !＝ c B. a＋c || b

C. b || a < 0 && c > 0 D. a <= b&&b<=c

(5) 设变量 a、b 和 c 已正确定义并赋值，则以下符合 C 语言语法的表达式是( )。

A. a+=7 B. b+c=a=7 C. a=12.3 % 4 D. a=a+7=c+b

(6) 在下面的条件语句中(其中 S1 和 S2 表示 C 语言语句)，只有( )在功能上与其他 3 个语句不等价。

A. if (a) S1; else S2; B. if (a==0) S1; else S2;

C. if (a!=0) S1; else S2; D. if (a==0) S2; else S1;

(7) 语句 while (!E)；括号中的表达式!E 等价于( )。

A. E!=1 B. E!=0 C. E==1 D. E==0

(8) 在以下程序段中 while 循环执行的次数是( )。

```
int k＝0;   while ( k＝1 ) k++;
```

A. 零次 B. 1 次 C. 死循环 D. 有语法错

(9) 若有说明 int a[10]＝{0,1,2,3,4}；则数组元素 a[5]的值是( )。

A. 0 B. 1 C. 4 D. 5

(10) 若有定义 int a[ ][3]＝{{1,2},{3,4}}；则数组 a 中共有( )个元素。

A. 4 B. 5 C. 6 D. 不定

(11) 下列数据中属于"字符串常量"的是( )。

A. ABC B. "A" C. 'abc' D. 'a'

(12) 若调用一个整型函数,且此函数中没有 return 语句,则说法正确的是(　　　)。

A. 该函数没有返回值

B. 该函数返回若干个系统默认值

C. 返回一个不确定的值

D. 能返回一个用户所希望的函数值

(13) 以下关于函数参数的说法中正确的是(　　　)。

A. 实参和与其对应的形参各占用独立的存储单元

B. 实参和与其对应的形参共占用一个存储单元

C. 只有当实参和与其对应的形参同名时才共占用相同的存储单元

D. 形参是虚拟的,不占用存储单元

(14) 若用数组名作为函数调用的实参,传递给形参的是(　　　)。

A. 数组的首地址　　　　　　　　　　B. 数组中第一个元素的值

C. 数组中的全部元素的值　　　　　　D. 数组元素的个数

(15) 设变量 s 已定义,若表达式 s＝3.14＊3＊3 与 s＝PI＊3＊3 等价(其中 PI 为宏名),则对 PI 正确的宏定义为(　　　)。

A. define PI 3.14　　　　　　　　　B. define PI 3.14;

C. ♯define PI 3.14　　　　　　　　　D. ♯define PI 3.14;

(16) 设有定义 int a＝3,b,＊p＝&a;,则下列语句中使 b 不为 3 的语句是(　　　)。

A. b＝＊&a;　　　　B. b＝＊p;　　　　C. b＝a;　　　　D. b＝p;

(17) 设有定义 int a＝5,＊p1,＊p2;且有语句 p1＝&a; p2＝&a;,则下面的赋值语句中,会导致错误的是(　　　)。

A. a＝＊p1＋＊p2;　B. p2＝a;　　　　C. p1＝p2;　　　　D. a＝＊p1＊(＊p2);

(18) 设有语句 int a[10],＊p ＝a;,则下面的语句中,不正确的是(　　　)。

A. p＝p+1;　　　　　　　　　　　　B. p[0]＝＊p+1;

C. a[0]＝a[0]+1;　　　　　　　　　D. a＝a+1;

(19) 若有以下说明和语句,则引用方式不正确的是(　　　)。

struct worker{ int no; char ＊name; } work,＊p = &work;

A. work. no　　　　B. (＊p). no　　　　C. p-＞no　　　　D. work-＞no

(20) 若执行 fopen 函数时发生错误,则函数的返回值是(　　　)。

A. NULL　　　　　B. 1　　　　　　　C. −1　　　　　　D. 地址值

2. 阅读程序,写出运行结果(共 40 分＝4 分×10)

程序 1:	程序 2:

``main()
{
    int x = 13, y;
    y = (x % 2! = 0)?1 : 0;
    printf("% d", y);
}```
	``main ()
	{ int m = 2345, s = 0;
	    while (m! = 0)
	        { s = s + m % 10; m = m/10; }
	    printf("% d", s);
	}```

运行结果为:＿＿＿＿＿	运行结果为:＿＿＿＿＿

程序 3：

```
main()
{ int i,j,a = 0;
    for ( i = 0; i < 2; i++ )
     for ( j = 0; j <= 4; j++ ) a++ ;
    printf(" % d",a );
}
```

运行结果为：_____

程序 4：

```
main()
{ int k,s = 0,a[5] = { 1,2,3,4,5 };
    for( k = 0; k < 5; k++ )
        s = s + a[k];
    printf( " % d",s );
}
```

运行结果为：_____

程序 5：

```
main()
{ int j,k,s = 0;
    int   a[3][3] = {1,2,3,4,5,6,7,8,9 };
    for( k = 0; k < 3; k++ )
        for( j = 0; j < 3; j++ )
            if ( j + k == 2 )
                s = s + a[k][j];
    printf(" % d",s);
}
```

运行结果为：_____

程序 6：

```
main()
{char str[ ] = { "1a2b3c4d" };
    int k,m = 0;
    for( k = 0; str[k]! = '\0'; k++ )
        if ( str[k] >= '0' && str[k] <=
'9' )
            m++ ;
    printf(" % d",m);
}
```

运行结果为：_____

程序 7：

```
int   func( int n )
{ int k;
    for( k = 2; k < n; k++ )
        if ( n % k == 0 ) return 0;
    return 1;
}
main()
{ int a = 23;
    printf(" % d",func(a));
}
```

运行结果为：_____

程序 8：

```
main()
{
    int a = 5,b = 9,c = 7,m, * p, * q;
    m = a;
    p = &b;
    q = &c;
    if ( m < * p ) m = * p;
    if ( m < * q ) m = * q;
    printf( " % d",m );
}
```

运行结果为：_____

程序 9：

```
int   func( int * a,int n )
{int m, * p;
    for( p = a,m = * p; p < a + n - 1; p++ )
        if ( * p > m ) m = * p;
    return(m);
}
main()
{ int a[ ] = {3,6,9,0,2,5,8,1,4,7};
    printf(" % d",func(a,10));
}
```

运行结果为：_____

程序 10：

```
int func( char * a,char k )
{int n;
    for( n = 0; * (a + n)! = '\0'; n++ )
        if ( * (a + n) == k ) return n;
    return - 1;
}
main()
{ char * a = "program';
    printf(" % d',func(a,'a') );
}
```

运行结果为：_____

3. 编写程序(共 20 分)

(1) 编写程序求两个正整数的最大公约数。(6 分)

(2) 编写一个函数,求 n 个整数中的最大数和最小数,并通过形参将两个结果传回调用函数。(7 分)

(3) 编写函数实现对数组的前 n 个整数进行排序。(7 分)

4.2　模拟试题 2

1. 选择题(共 20 分=2 分×10)

(1) 有定义 int a=2,b=3,c=8;下面表达式的值不为 2 的是(　　)。

A. c%b　　　　　B. c/b　　　　　C. a++　　　　　D. 5.8/a

(2) 能正确表示数学表达式 0<x<10 的 C 语言表达式为(　　)。

A. 0<x<10　　　　　　　　　B. !(a<0)||!(a>10)

C. (x>0)&&(x<10)　　　　　D. (x>0)||(x<10)

(3) 有定义 int a=1,b=3;表达式 a=a+2,a+b 的值是(　　)。

A. 1　　　　　B. 3　　　　　C. 4　　　　　D. 6

(4) 若 int a=2,b=3,x;则执行语句 if(a<b) x=a<b; else x=a>b;后 x 的值是(　　)。

A. 0　　　　　B. 1　　　　　C. 2　　　　　D. 3

(5) 以下程序段执行后 m 的值是(　　)。

```
int k=0,m=0;   while(k==5){m++;k++;}
```

A. 0　　　　　B. 4　　　　　C. 5　　　　　D. 死循环

(6) 执行循环语句 for(x=0,y=0;(x!=3)&&(x<8);x++) y++;后 y 的值是(　　)。

A. 3　　　　　B. 8　　　　　C. 0　　　　　D. 不确定

(7) 若有说明 int i,j=7,*p=&i,*q=&j;则与 i=j;不等价的语句是(　　)。

A. p=q;　　　B. *p=*q;　　　C. *&i=*q;　　　D. *p=*&j;

(8) 若有说明 int a[10],*p=a;对数组元素引用正确的是(　　)。

A. a[p]　　　B. p[a]　　　C. *(p+2)　　　D. p+2

(9) 下面各语句行中,能正确进行字符串操作的语句是(　　)。

A. char a[5]={"ABCDE"};　　　B. char s[5]={'A','B','C','D','E'};

C. char *s; s="ABCDEF";　　　D. char *s; scanf("%s",&s);

(10) 设有以下定义,则对 data 中的成员 a 引用正确的是(　　)。

```
struct sk { int a; float b; } data, *p = &data;
```

A. (*p).data.a　　B. (*p).a　　　C. p->data.a　　　D. p.data.a

2. 阅读程序，写出运行结果（共 40 分＝4 分×10）

程序 1：

```
void  main ()
{    int x = 3, y = 8, z = 0;
     if (x > 10) if (y > 10) z = 1; else z = -1;
     printf ( "%d", z );
}
```

运行结果为：＿＿＿＿＿＿

程序 2：

```
void main ()
{    int m = 0, s = 0;
     while ( m ++  < 4 ) s = s + m;
     printf ( "%d", m );
}
```

运行结果为：＿＿＿＿＿＿

程序 3：

```
void  main ()
{    int j, s = 0 ;
     for ( j = 1; j <= 10; j ++ )
          if ( j % 2 ! = 0 ) s = s + j;
     printf ( "%d", s );
}
```

运行结果为：＿＿＿＿＿＿

程序 4：

```
void  main ()
{int k, s = 0, a[8] = { 1, 2, 3, 4, 5, 6, 7, 8 };
     for ( k = 0; k < 8; k ++ )
       {s = s + a[k]; if ( k == 3 )
break; }
     printf ( "%d", s );
}
```

运行结果为：＿＿＿＿＿＿

程序 5：

```
void main ()
{char str[ ] = { "20080512" };
     int k, m = 0;
     for( k = 0; str[k] ! = '\0'; k ++ ) m ++ ;
     printf ( "%d", m );
}
```

运行结果为：＿＿＿＿＿＿

程序 6：

```
void  main ()
{int  a = 2, * p = &a, * q;
   q = p;
   ( * q ) ++ ;
   printf ( "%d", a );
}
```

运行结果为：＿＿＿＿＿＿

程序 7：

```
void  main ()
{int j, i, s = 0;
     int a[3][3] = {1, 2, 3, 4, 5, 6, 7, 8, 9 };
     for ( i = 0; i < 3; i ++ )
        for ( j = 0; j < 3; j ++ )
            if ( j < i ) s = s + a[i][j];
     printf ( "%d", s );
}
```

运行结果为：＿＿＿＿＿＿

程序 8：

```
int  func ( int n , int m )
{int k;
     for ( k = n; k > 0; k -- )
          if ( n % k == 0 && m % k == 0 )
break;
     return k ;
}
void main ()
{ printf ( "%d", func ( 18 , 24 ) ); }
```

运行结果为：＿＿＿＿＿＿

程序9:

```
int  func ( int * a, int n, int k )
{ int i;
    for ( i = 0; i < n; i++ )
        if ( * ( a + i ) == k )
            return i;
    return( -1 );
}
void  main ()
{
    int a[10] = { 3,6,9,0,2,5,8,1,4,7 };
    printf ( "%d",func (a,10,1) );
}
```

运行结果为:_____

程序10:

```
void  main ()
{ int m;
    struct  student
    { int  num;
        char  name[10];
        int  score;
    } a[2] = { { 1011,"zhangsan', 75 },
            { 1012,"Lisi",81 } }, * p = a;
    if ( p-> score > a[1]. score ) m = p->
sum;
    else  m = (p + 1) -> sum;
    printf ( "%d",m );
}
```

运行结果为:_____

3. 在下面程序空白处填入适当语句,完成题目要求(共16分＝4分×4)

(1) 程序功能:输出九九乘法口诀表。

```
void  main ()
{
    int  i, j;
    for ( i = 1; i < 10; i++ )
    {  for (_____)
            printf ( "%d * %d = % - 4d",j,i,i * j);
        printf ( "\n" );
    }
}
```

(2) 程序功能:输出 a 数组中最大元素的下标。

```
void  main ()
{ int  k, i;
    int  a[6] = { 1, -9,7,2, -10,3 } ;
    for ( i = 0,k = i; i < 6; i++ )
        if  ( a[i] > a[k] )
        _____
    printf ( "%d\n", k );
}
```

(3) 程序功能:求 n×n 矩阵上主对角线上元素之和。

```
void  main ()
{ int  a[3][3] = { 9,7,5,3,1,2,4,6,8 };
    int  i,j,s = 0;
    for ( i = 0; i < 3; i++ )
        for ( j = 0; j < 3; j++ )
        _____
    printf ("%d\n",s );
}
```

(4) 函数功能：实现字符串的复制。

```
void  strcopy ( char  * from,char  * to )
{   char  * p;
    for (_____)
        * to = * p;
    * to = '\0';
}
```

4. 编写程序（共 24 分＝8 分×3）

(1) 编写程序,计算并输出一维整型数组 a[10]中所有元素的平均值。

(2) 编写函数,函数功能为判断正整数 n 是否为素数,若 n 为素数则返回 1,否则返回 0。

(3) 编写函数实现两个整数的交换(提示:通过地址传递方式实现)。

4.3 模拟试题 3

1. 选择题（共 20 分＝2 分×10）

(1) 在 C 语言中,下列常量中正确的是(   )。

A. 0x5d   B. 018   C. e2   D. 'ab'

(2) 有定义 int x=6；执行语句 x＋＝ x－＝ x * x；后 x 的值为(   )。

A. 24   B. 36   C. 60   D. －60

(3) 已知 a 和 b 为整型变量,下面每组表达式等价是(   )。

A. m＝(a＝3,4 * 5) 与 m＝a＝3,4 * 5

B. (float)(a/b) 与 (float)a/b

C. (int)a＋b 与 (int)(a＋b)

D. m％＝2＋a * 3 与 m＝m％2＋a * 3

(4) 若 int a＝0,x＝4；则执行语句 if (a＝0) x＋＋；else x－－；后 x 的值是(   )。

A. 0   B. 3   C. 4   D. 5

(5) 以下程序段执行后 m 的值是(   )。

```
int  k = 2,m = 3;   do { m + = k; } while ( k<2 );
```

A. 2   B. 3   C. 5   D. 死循环

(6) 若 int a[10]＝{ 1,2,3,4,5,}；则 a[5]的值是(   )。

A. 0   B. 5   C. 6   D. 不确定

(7) 若有定义 char s[ ]＝"Turbo\nC++"；则数组 s 的长度是(   )。

A. 6   B. 9   C. 10   D. 不确定

(8) 若有定义 int a＝5, * p ＝ &a；有错误的表达式是(   )。

A. * &a   B. & * a   C. & * p   D. * &p

(9) 若有说明 int a[10], * p ＝ a；不能正确表示 a[2]地址的是(   )。

A. &a[2]   B. a＋2   C. p＋2   D. p[2]

（10）下面关于结构体类型的描述错误的是（　　　　）。

A. 结构体成员名不能与程序中的变量名相同

B. 结构体成员的类型可以是一个结构体类型

C. 可引用结构体变量的地址，也可引用结构体变量成员的地址

D. 不能将结构体变量作为一个整体进行输入和输出

2. 阅读程序，写出运行结果（共 **40** 分＝**4** 分×**10**）

程序 1：

```
void  main ()
{   int  d,n = 0 ;
  · d = n ? 29 : 28 ;
    printf ( "%d",d ) ;
}
```

运行结果为：_____

程序 2：

```
void  main ()
{   int  x = 1234, s = 0;
    while ( x ! = 0 ) { s + = x % 10; x = x/
10; }
    printf ( "%d",s );
}
```

运行结果为：_____

程序 3：

```
void  main ()
{   int  k ,s = 0 ,n = 8 ;
    for ( k = 1; k < n; k++ )
        if ( n % k ! = 0 )  s = s + k;
    printf ( "%d",s );
}
```

运行结果为：_____

程序 4：

```
void  main ()
{int k,s = 0,a[8] = { 1,2,3,4,5,6,7,8 };
    for ( k = 0; k < 8; k++ )
    {if ( k % 2 == 0) continue; s = s + a[k]; }
    printf ( "%d",s );
}
```

运行结果为：_____

程序 5：

```
void  main ()
{char  s[ ] = "abc"; int  k ;
    for( k = 0; s[k]! = '\0'; k++ ) s[k] ++ ;
    printf ( "%s",s );
}
```

运行结果为：_____

程序 6：

```
void  main ()
{   int  a = 2,b = 3,m, * p = &a, * q = &b ;
    m = ( * p ) + ( * q );
    printf ( "%d",m );
}
```

运行结果为：_____

程序 7：

```
void  main ()
{int j,i,s = 0;
    int  a[3][3] = {1,2,3,4,5,6,7,8,9 };
    for ( i = 0; i < 3; i++ )
        for ( j = 0; j < 3; j++ )
            if ( a[i][j] % 2 ! = 0 ) s = s +
a[i][j];
    printf ( "%d",s );
}
```

运行结果为：_____

程序 8：

```
void  func ( int  n )
{  n = n > 0 ? 1 : 0 ;
}
void  main ()
{   int  x = 6 ;
    func ( x ) ;
    printf ( "%d",x ) ;
}
```

运行结果为：_____

程序 9：
 	
``c
int func (int * x, int n)
{ int * p, m = 0;
    m = * x;
    for (p = x; p < x + n; p++)
        if (* p > m) m = * p;
    return m;
}
void main ()
{ int k;
    int a[3][3] = { 8,5,2,0,3,6,9,7,4 };
    k = func (a[0],3 * 3);
    printf ("% d",k);
}
``
 	
运行结果为：_____
	程序 10：
	
	``c
	typedef struct
	{ int num; char name[10]; int score;
	} STD;
	void main ()
	{ int m;
	    STD a = {101,"Lisi",70 }, b, * p = &b;
	    (* p). num = 102; (* p). score = 85;
	    strcpy (p - > name,"Zhangsan");
	    if (strcmp(a. name, b. name) > 0)
	        m = a. score;
	    else m = b. score;
	    printf ("% d",m);
	}
	``
	
	运行结果为：_____

3. 在下面程序空白处填入适当语句，完成题目要求（共 16 分＝4 分×4）

（1）求 100 以内所有能被 3 整除而不能被 7 整除的整数之和。

```c
# include "stdio. h"
void  main ()
{  int  n,s = 0;
   for ( n = 1; n < 100; n++ )
   {if (_____)s = s + n; }
   printf ( "% d\n" ,s );
}
```

（2）编写程序，计算并输出一维整型数组 a 中所有元素的平均值。

```c
void  main ()
{    int k, s = 0, a[10] = {2,5,8,0,1,4,7,9,6,3};
     for (_____)s = s + a[k];
     printf( "% d", s/10 );
}
```

（3）已知某月 1 日为星期三，编写函数求该月某一日对应的星期。

```c
char * func ( int  day )
{char  * week[7] = {"Sun","Mon","Tue","Wed","Thu","Fri","Sat" };
    int  k;
    k = ( day + 2 ) % 7;
    return _____;
}
```

（4）编写函数实现两个字符串的连接。

```c
void  fun ( char  * s1 ,char  * s2 )
{int  k = 0 ,n;
  for ( n = 0 ; s1[n]! = '\0'; n++ );
```

```
    do {
            _____ = s2[k] ;
        k++ ;
    } while ( s2[k]! = '\0') ;
}
```

4. 编写程序(共 24 分＝6 分×4)

（1）输入 3 个正整数,判断其中是否有两个奇数和一个偶数。若是则输出 YES,否则输出 NO。

（2）利用公式 $\pi/4 \approx 1-1/3+1/5-1/7+\cdots$ 求解 π 的近似值(精度为 1e-6)。

（3）编写函数向有序数组 a 插入一个整数 k,插入后数组仍然有序。有序数组中前 n 个元素按升序排列,假定数组长度大于 n。

（4）输入 10 个字符串,找出其中最长的字符串。

参 考 文 献

[1] 谭浩强.C程序设计试题汇编.北京：清华大学出版社.2002.

[2] 罗晓芳,李慧,孙涛.C语言程序设计习题解析与上机指导.北京：机械工业出版社.2009.

[3] 张毅坤.教程学习指南与实验指导.西安：西安交通大学出版社.2003.

[4] 谭浩强.C程序设计.第2版.北京：清华大学出版社.2000.

参考文献

相关课程教材推荐

ISBN	书　名	定价(元)
9787302185413	大学计算机基础教程(Windows Vista·Office 2007)	29.00
9787302156857	计算机应用基础	24.00
9787302153160	信息处理技术基础教程	33.00
9787302200628	信息检索与分析利用(第2版)	23.00
9787302183013	IT行业英语	32.00
9787302177104	C++语言程序设计教程	26.00
9787302176855	C程序设计实例教程	25.00
9787302173267	C程序设计基础	25.00
9787302168133	C语言程序设计教程	29.00
9787302132684	Visual Basic程序设计基础	26.00
9787302130161	大学计算机网络公共基础教程	27.50
9787302174936	软件测试技术基础	19.80
9787302155409	数据库技术——设计与应用实例	23.00
9787302193852	数字图像处理与图像通信	31.00
9787302197157	网络工程实践指导教程	33.00
9787302158783	微机原理与接口技术	33.00
9787302174585	汇编语言程序设计	21.00
9787302150572	网页设计与制作	26.00
9787302185635	网页设计与制作实例教程	28.00
9787302194422	Flash8动画基础案例教程	22.00
9787302152200	计算机组装与维护教程	25.00
9787302191094	毕业设计(论文)指导手册(信息技术卷)	20.00

以上教材样书可以免费赠送给授课教师，如果需要，请发电子邮件与我们联系。

教学资源支持

敬爱的教师：

感谢您一直以来对清华版计算机教材的支持和爱护。为了配合本课程的教学需要，本教材配有配套的电子教案(素材)，有需求的教师可以与我们联系，我们将向使用本教材进行教学的教师免费赠送电子教案(素材)，希望有助于教学活动的开展。

相关信息请拨打电话 010-62776969 或发送电子邮件至 liangying@tup.tsinghua.edu.cn 咨询，也可以到清华大学出版社主页(http://www.tup.com.cn 或 http://www.tup.tsinghua.edu.cn)上查询和下载。

如果您在使用本教材的过程中遇到了什么问题，或者有相关教材出版计划，也请您发邮件或来信告诉我们，以便我们更好为您服务。

地址：北京市海淀区双清路学研大厦 A-708　　　计算机与信息分社 梁颖　收

邮编：100084　　　　　　　　　　　电子邮件：liangying@tup.tsinghua.edu.cn

电话：010-62770175-4505　　　　　邮购电话：010-62786544